Idea man

Idea man

頂尖外商顧問的超效問題解決術。

教你搞定任性主管、刁難客戶，解決無理難題，提升3倍工作效率的43則實戰策略。

【IT策略外商顧問・工作效率化達人
NAE——著
簡琪婷——譯】

外資系コンサルは「無理難題」をこう解決します。
「最高の生産性」を生み出す仕事術

前言

「無理要求」可提高生產力

常遭人催促：「還沒好嗎？」老是和時間賽跑。

即使再三說明，對方依然質問：「你到底想說什麼？」

明明已將電子郵件寄給對方，卻被冷回一句：「我沒聽說這回事。」

卯足全力製作的資料慘遭批評：「通通不對！」結果被改成滿江紅。

受託主持會議，卻無法掌控場面，慘遭對方怒嗆：「你還真是……」

在這樣的日子當中，工作無法順利進行，幾乎每晚都得加班，遑論工作幹勁，就連工作品質、工作效率都跟著暴跌，此外，還會被新工作逼得喘不過氣來。各位是否深陷這樣的負向循環中？

本書將為大家一一介紹解決日常工作煩惱的「生產力提升術」，藉此提供契機，讓大家得以擺脫這個負向循環。

所謂「生產力」，意指「每小時產值」。綜觀工作，洞悉蘊含產值的部分，然後將時間和精力集中投入於此；至於缺乏產值的部分，則減少耗用的時間。像這樣力行提高生產力的工作術，以「微型成功」為契機，讓大家進入正向循環，正是本書的終極目標。

◎附加價值源自於「超高生產力」的追求

本人目前於外商企業擔任ＩＴ策略顧問一職。

顧問向來被稱為「問題解決專家」。為了解決客戶的種種問題，提供最大的附加價值，每天總是以最少的時間，處理大量的工作。在這個過程中，顧問必須時時審視自己的「工作生產力」，並且追求「超高生產力」。

不過，我於到職未滿五年的菜鳥時期，其實也曾深陷「負向循環」之中。

打個比方來說，一個小時的會議，我竟然耗費五小時製作會議記錄；熟手只需三十分鐘便能解決的技術問題，我花了一個禮拜的時間還不能搞定；逐條列出即可的資料，我卻特意做成精美的簡報資料，結果對方一句話就將我拒於門外：「我不需要這樣的資料！」……。

針對自己工作能力太差、不得要領，甚至腦袋不靈光，我一直深感嘆息，意志消沉地認為：「我可能撐不下去了。」

雖然本人順利地進入第一志願的外商顧問公司工作，不過曾為考試高手，而且是典型「乖寶寶」的我，憑良心說，本來是個零附加價值的顧問。

◎超高生產力來自於「最佳實作規範」

這樣的我因為偶然看到的一句話，而瞬間豁然開朗。

那就是**「老實奉行『最佳實作規範』吧」**。

所謂「最佳實作規範」（best practice），即為從前人過往的經驗中獲取有效實證，得以如法炮製的工作「標準做法（基本守則）」，換句話說，就是讓生產力由低走高的武器。

當我還是個菜鳥顧問時，我明知有這項武器可用，卻因莫名的自尊心作祟，逕自認為「我一向憑自己的方式執行工作」，於是藐視了「最佳實作規範」，結果陷入負向循環之中。

洞悉本質部分，專注其中，持續以最少時間創造最大價值的狀態……為了進入這樣的正向循環，我毅然決然地拋棄過去的成功經驗，一一學習、力行所有「標準做法」，並且老老實實地養成習慣。

結果，我現在以顧問的身分，和一些知名大企業的經理、董事層級人士，共同從事為組織及社會帶來巨大影響的工作。此外，我還擔任公司內部新進人員研習的講師，同時，客戶端的讀書會也邀我前去開講，次數持續增加中。

正因為我在執行顧問工作的過程中，每天都得活用「標準做法」，所以我很想告訴各位一件事，那就是：「如果想提高生產力，就放手挑戰無理要求吧。」

如果要提高生產力，「優質經驗」絕不可或缺。所謂「優質經驗」，就是挑戰目前實力無法應付，必須「強自己所難」的無理要求。其實這些無理要求，大多能透過「標準做法」的活用加以解決。換句話說，為了學會「標準做法」以提高生產力，挑戰無理要求正是絕佳的練習機會。

本書將為各位介紹菜鳥時期的我為了解決主管或客戶的「無理要求」，實際採用過的「標準做法」。只要能力行並學會這些「標準做法」，工作生產力自然能夠提升。

◎從五個「無理要求」的故事看懂「標準做法」

本書特別選出五個對職場菜鳥工作生產力影響尤劇的主題如下：「規劃安排」、「表達方式」、「電子郵件術」、「資料製作術」、「會議運作術」。

到職邁入第四年的職場菜鳥泉先生和君島小姐，跟著同部門的阿部前輩，一起克服直屬部門主管橋本經理提出的「無理要求」，挑戰與企業客戶的經理、董事開會。本書將透過這些故事，為大家介紹各個主題的相關「標準做法」及其活用方式。如果能一邊翻閱本書，一邊捫心自問：「如果有人這樣問我，我會怎麼做？」想必理解的程度將更加深入。

本人原為零附加價值的顧問，為了進入正向循環，我持續學習「標準做法」，而這些「標準做法」全部凝縮於本書之中。不只是努力鑽研工作技巧的二十多歲職場菜鳥，如果負責指導他們的中堅幹部也覺得本書有所幫助，本人將感到無比欣慰。

目次

CHAPTER 2 表達方式

「能於三十秒內簡明扼要地說明一下嗎？」

CHAPTER 3 電子郵件術

「什麼？我沒看到那封信啊！」

CHAPTER

4

資料製作術

「讓客戶看一次就點頭同意。」

CHAPTER 5
會議運作術

「這次的會議，就由你主持進行吧。」

出場人物

COLONY 公司 IT 策略部

主要業務為系統開發的 IT 企業「COLONY 公司」，為了擴展業務而成立的新部門。

泉先生

二十六歲，男性。到職邁入第四年。行動力及作業效率頗獲好評，不過老是埋首處理眼前的工作。

君島小姐

二十六歲，女性。到職邁入第四年。與泉先生同梯報到。雖然個性隨和活潑，但做起事來卻一反於此，變得十分理智。

阿部前輩

三十二歲，男性。原本從事顧問工作，後來轉換跑道，到此任職。是一位以淡然自若的風格，帶領 IT 策略部的年輕主管，有點喜歡挖苦別人。

橋本經理

三十八歲，女性。IT 策略部負責人。為了讓部門運作步上軌道，向來四處奔波爭取業務機會。

大森先生　二十九歲，男性。到職邁入第五年。理工學院畢業，對 IT 領域造詣深厚。相傳他的程式語言能力比日文還強。

KSJ 公司

有精品品牌「PARA」的服飾企業，為 COLONY 公司的主要客戶。

深津經理

四十一歲，女性。IT 部門經理。從門市工讀生做起，隨後當上店長，最後晉升 IT 部門經理，為出身基層，苦熬出頭的現場主義者。雖然有時挺難伺候，但十分照顧門市同仁。

淺野執董

五十二歲，男性。管理部總負責人。總務領域出身，似乎把 IT 視為萬能魔法箱。

東出先生　三十歲，男性。於 IT 部門負責顧客管理系統。生性杞人憂天，總是全力固守自己的職責範圍。

CHAPTER

1

規劃安排

「讓工作速度快上三倍吧！」

要讓工作速度快上三倍，該怎麼做才好呢？
本章將從
「工作規劃」、「作業規劃」、「作業效率」
三個觀點，介紹個中技巧。

STORY

規劃安排的生產力——

「原本花十天才搞定的工作，三天就要完成交差。」

這裡是ＩＴ企業「ＣＯＬＯＮＹ公司」。前往會議室途中的橋本經理叫住了阿部前輩。橋本經理是個以經常拋出「無理要求」而廣為人知的人物，這次同樣瀰漫著這樣的氛圍。

「阿部先生，可以稍微耽擱一下嗎？」

「可以啊，橋本經理，有什麼事嗎？」

「ＫＳＪ公司的淺野執董對於顧客管理服務『ＹＯＮ-ＹＯＮ』很感興趣，他想參考一下導入實例。三天後的傍晚，我和他將再次碰面，能不能在那之前幫我備妥資料？說不定有機會接到新的業務，拜託你囉！」

「那個……橋本經理？……走掉了，真是個大忙人。」

「……如上所述，我接到這麼一個好玩的任務，滿懷活力與夢想，拚了！」

「一點都不好玩！上次花了十天才搞定吧？怎麼可能三天就完成交差？」

「十天變三天……那不就得快上三倍，怎麼可能嘛！」

「你們兩個挺有活力的嘛！安啦，要讓工作速度快上三倍，其實沒那麼困難。只要確實掌握工作規劃的基本守則，大部分都能讓速度快上三倍，不如我稍微說明一下吧。」

上次花十天才搞定的工作，三天就要完成交差。泉先生和君島小姐能否順利完成如此無理的要求？阿部前輩將提供兩人什麼樣的建議？

SCENE
01

工作規劃——「不能立刻著手進行嗎？」

原本花十天才搞定的工作，三天就要完成交差。雖然這是個可行性令人懷疑的無理要求，但阿部前輩卻說：「只要掌握基本守則，其實並非難事。」

他首先展開的動作，似乎是檢討前次作業耗時的原因。

「關於你們前次負責的實例蒐集工作，原本預定一週搞定，為什麼最後花了十天才完成？先來反思一下上次痛苦的經驗吧。」

「原本我們得到的指示是製作實例蒐集一覽表，然而就在提交期限快到之前，橋本經理突然責問：『為什麼沒有簡報用的資料？』」

「對呀對呀！所以我們只好趕緊整理實例，不過花了好多時間……結果，最後終於完成的簡報資料被橋本經理嫌到一無是處。」

「比如她說：『搞什麼？這哪是客戶要的資料？值得參考的業界實例完全不夠！』」

「ＯＫ，到此為止，別抱怨了。吃這點苦頭，剛剛好而已。」

「告訴你們一個好消息。」

「你要請我們吃燒肉嗎？」

「可惜！答錯了，不過是能令你們更開心的事。」

「只要完成這次的任務，你們的工作速度將能快上兩倍。」

「真的嗎？」

「完全不覺得可惜……不過，究竟該怎麼做才好？」

「很簡單啊，重點有三，那就是『鞏固工作框架』、『洞悉最終目標』，最後則為『從捷徑著手』。」

1

邏輯思考

鞏固工作框架

◎只提高作業效率根本不夠

執行工作時想要速戰速決。一有這樣的念頭，大部分的人往往認為必須「提高作業效率」。然而，即使一心提高作業效率，仍然有所極限。**工作之所以延誤，多半因為作業疏漏而得回頭修正或全部重做使然**。避免作業疏漏的關鍵，並不屬於成果實現手段的「（眼前）作業」，而是得聚焦於包含成果本身在內的「工作全貌」。換句話說，必須鞏固連結成果和作業的金字塔結構（pyramid structure），也就是「工作框架」。

為了鞏固工作框架，「邏輯思考」不可或缺。

進行邏輯思考時，必須針對由結論和理由構成的邏輯架構（邏輯樹〔logic tree〕），以「SOWHAT/WHY」和「MECE」，確認個中整合性。

鞏固「工作框架」

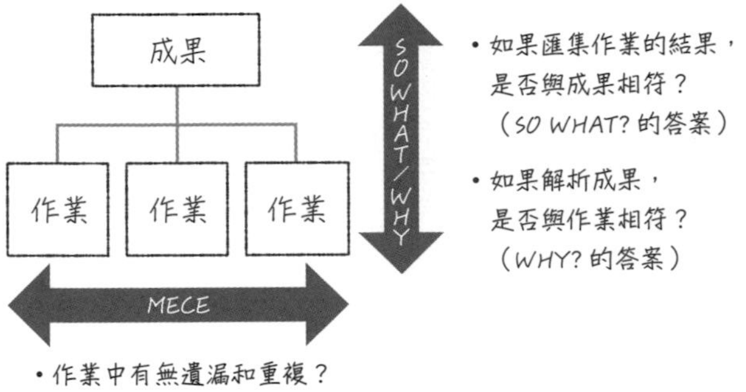

成果
作業
作業
作業

以SO WHAT / WHY和MECE驗證邏輯樹

以「SOWHAT/WHY」進行確認，就是要驗證對理由提問「SO WHAT？」（換言之？）所得的答案，是否與結論相符；而對結論提問「WHY？」（為什麼？）所得的答案，又是否與理由相符。

打個比方來說，針對「日本料理很好吃（結論）」，全是因為價格偏高（理由）」的說法，要是有人反駁：「那麼既便宜又美味的日本料理呢？」個中邏輯將就此瓦解，畢竟這種說法並不符合「SOWHAT／WHY」的原則，邏輯有所錯誤。

至於以「MECE」進行確認，則是針對導出結論的理由，查驗是否「沒有遺漏，也毫無重複」（Mutually Exclusive and Collectively Exhaustive）。

例如，針對「日本料理很好吃（結

・如果匯集作業的結果，
是否與成果相符？
（SO WHAT？的答案）
・如果解析成果，
是否與作業相符？
（WHY？的答案）
・作業中有無遺漏和重複？

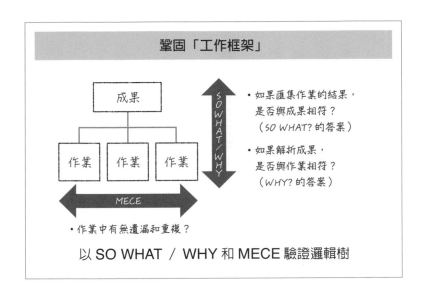

論），全是因為壽司和生魚片很美味（理由）」的說法，要是有人以其他日本料理為例，提出反駁：「蕎麥麵也很好吃啊！」個中邏輯將瞬間崩解。這是因為將日本料理依照MECE原則加以分類後，要是沒把所有的日本料理評為「好吃」，所提出的理由將不成理由。

由此可見，「SOWHAT／WHY」和「MECE」為保證邏輯正確．毫無疏漏的工具。如果能活用這套工具，驗證由工作成果及作業構成的「工作框架」，成果和作業的連結將變得更加明確（SOWHAT／WHY），作業的遺漏和重複也會隨之消失（MECE）。最後，不僅能省去無謂的作業，還能避免作業有所疏漏。

◎避免「實例完全不夠」的方法

在此思考一下泉先生和君島小姐負責的實例蒐集工作。

他們兩人過度埋首於蒐集各個實例，結果慘遭橋本經理指責：「（對於KSJ公司而言）值得參考的業界實例完全不夠！」這是因為他們沒有以這堆實例的所屬「業界」為切入點，查驗蒐集回來的實例是否需要或有無疏漏。

其實只要根據總務省（日本中央省廳之一，功能類似其他國家的內政部）發布的「日本標準產業分類」，然後採用MECE原則，將實例依業界別加以整理，應該可以從業界別的實例數，察覺調查對象的疏漏，避免回頭修正。

◎以「邏輯思考」驗證工作框架

如上所述，在埋首作業，著手進行之前，不妨先綜觀屬於工作全貌的「工作框架」，然後以「邏輯思考」查驗作業有無疏漏。

邏輯思考的用途，並非只是把事情說明得淺顯易懂而已。凡是具有樹狀結構的各種狀況。例如須掌握工作全貌時，都能活用邏輯樹的思維。外商顧問在菜鳥時期，往往得接受嚴格的邏輯思考訓練，並且猶如口頭禪似地把「SO WHAT／WHY」和「MECE」掛在嘴邊，正是因為這個緣故。

POINT

埋首眼前作業之前，先綜觀工作全貌。

2

WHY / WHO

掌握工作的「目的」和「對象」

◎不能一味埋首於眼前的作業

想趕緊執行主管的指示，於是一頭栽進眼前作業「成果（資料）製作」的人，其實不在少數。

我在顧問經驗還不算多的時候也是如此，因此十分理解這種心情，不過單單聚焦於成果，等同於遮住雙眼進行「盲射」，毫無效率可言。工作必有「目的」，而成果則有所謂閱讀者的「對象」。

就算作業速度再快，要是隨便做出與目的或對象意圖相違的成果，也只是白忙一場。**爲了讓工作速度快上三倍，精準掌握「目的」及「對象」的意圖，然後射出「致命一擊」**，可謂必備條件。

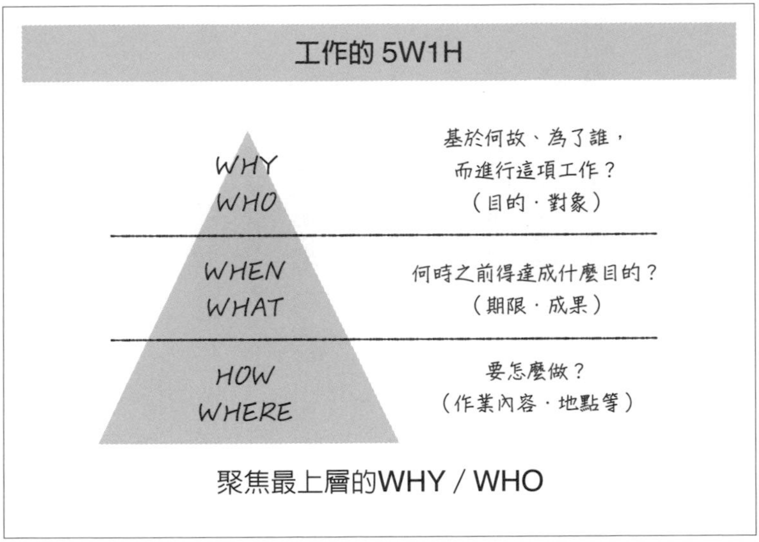
工作的 5W1H
WHY
WHO
基於何故、為了誰，
而進行這項工作？
（目的・對象）
WHEN
WHAT
何時之前得達成什麼目的？
（期限・成果）
HOW
WHERE
要怎麼做？
（作業內容・地點等）
聚焦最上層的WHY／WHO

要射出致命一擊，**必須釐清工作的5W1H，尤其是WHY／WHO。**

- WHY：目的。這項工作應該達成的目標為何？
- WHO：對象。誰將過目成果？
- WHEN：期限。何時之前得達成WHY（目的）？
- WHAT：成果。為了達成WHY（目的），必須製作什麼？
- HOW：作業。須以什麼樣的步驟製作成果？
- WHERE：地點。在哪裡進行作業？

如果依重要性由大至小排序，結果將

是「①ＷＨＹ／ＷＨＯ→②ＷＨＥＮ／ＷＨＡＴ→③ＨＯＷ／ＷＨＥＲＥ」。

要是「①ＷＨＹ／ＷＨＯ（目的和對象）」並不確定，當然無法決定「②ＷＨＡＴ（成果）」，更別說要決定「③ＨＯＷ（作業）」了。

此外，「②ＷＨＡＴ（成果）」的量與質，以及「③ＨＯＷ（作業）」的執行方式，也會隨「②ＷＨＥＮ（期限）」而不盡相同。

至於「③ＷＨＥＲＥ（地點）」，則得等到這些要素全數確定後才能決定。

要是位在這個依存關係最上層的「①目的和對象」顯得模糊不清，下方所有要素都會跟著朦朧起來。

無視目的和對象，一味埋首於「②如期做出成果」，就好像餐廳的廚師逕自供應餐點，根本不管客人想吃什麼。

雖然上菜的速度很快，不過讓客人感到滿意的可能性應該不高吧。

凡是優秀的外商顧問，總會確認「這項工作．作業的目的爲何？爲誰而做？」，洞悉最終目標，然後鎖定對成果的貢獻值較高的作業，全力以赴。

◎「彙整實例」的最終目標為何？

接著就來思考看看SCENE 01中橋本經理交辦的工作，究竟「目的和對象」為何。

橋本經理告知：「KSJ公司的淺野執董對於顧客管理服務『YON-YON』很感興趣」、「三天後將和淺野執董碰面」、「說不定有機會接到新的業務。」

為什麼KSJ公司的淺野執董對「YON-YON」很感興趣？肯定因為他內心判定：「對KSJ公司而言，『YON-YON』為值得導入的服務。」

換句話說，「彙整實例」這項指示的「目的」，就是要讓KSJ公司淺野執董願意考慮導入YON-YON。

基於此故，關於這次實例蒐集的成果，不該只是一份「實例一覽表」，而是得備妥「『YON-YON』是否值得KSJ公司導入的答案（假說）」，以及「促使對方做出裁定的理論依據」。

假設真的依照橋本經理指示的「彙整實例」字面意思，最後只列出實例一覽表，恐怕會被KSJ公司的淺野執董冷回一句：「那麼對本公司而言有何好處？」針對橋本經理的指示，必須認知潛在目的為「由實例剖析『YON-YON』對KSJ公司而言的導入價值，促使對方積極考慮・決定導入」。

因此，這次的因應良策，應該是篩選「與KSJ公司類似的實例」，然後深入剖析。只要針對業種、業績規模、顧客別業績結構（少數顧客占據大部分業績等）、員工人數等各項要素與KSJ公司雷同的企業，調查他們的「YON-YON」導入實例，KSJ公司將有可能從中獲得有益的啟發。

例如，如果打算針對KSJ公司的主力事業「高級服飾品牌」，搜尋相關實例，或許能縮減調查對象如下：

- 其他競爭品牌導入實例。
- 主要販售高級品的零售業導入實例。
- 標榜奢華風的旅店業導入實例。

由此可見，與其一味地蒐集實例，不如一開始便認清調查目的和對象等相關方針，最後完成的調查，對於成果的貢獻度肯定大上許多。

◎洞悉最終目標，提高效率

如上所述，只有WHAT（成果）和HOW（作業）受到指定之時，大家不妨確認一下合乎工作目標的WHY（目的）和WHO（對象）吧。只要正確掌握這些要素，不僅能提高成果的品質，還得以擁有單憑作業效率無法達到的速度感。

只追求作業效率的人，大部分的收穫並非「成果」，而是「進度感」。比起對成果毫無貢獻的無謂「盲射」，不如以掌握工作WHY／WHO的「致命一擊」，為最終目標吧。

POINT

製作資料等「成果」時，務必掌握「目的」和「對象」。

3
WHEN / WHAT

去除多餘內容，從捷徑著手

◎「垃圾資訊」造就「垃圾成果」？

每當被交代一聲：「做一份這種感覺的資料。」然後接下新工作時，大部分的人都會幹勁十足地打算：「先蒐集（輸入）資訊吧！」不過，針對這些蒐集來的資訊，大家是否曾經為了不知該如何加工做成資料，而苦惱不已？

之所以如此，正是因為**對於成果的最終樣式毫無概念**所致。究竟要選用哪些資訊？如何彙總成果？要是沒有釐清這個部分，就展開輸入資訊的蒐集，最後只能做出令人不知所云，而且品質低落的成果。

ＩＴ業界有句名言：「GIGO」（Garbage In Garbage Out：**垃圾資訊造就垃圾成果**）。即使把不覺中浮現腦海，或是多此一舉四處蒐集而得的成堆垃圾資訊，勉強地湊出成果，依

設計成果

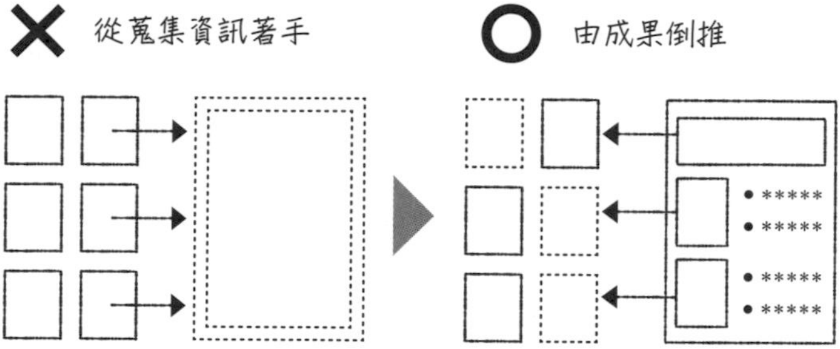

為成果的最終樣式製作樣稿

然只是「垃圾成果」罷了。

只要改變觀念，**要做出高品質的成果，重點就在於具體提出「成果樣稿」**。所謂「成果樣稿」，意指成果的設計稿，換句話說，就是成果的架構和撰寫內容。

生產力較高的外商顧問接到工作委託時，往往會針對成果樣稿與業主建立共識。接著再由**成果倒推，安排工作・作業，藉此去除多餘的內容**。

打個比方來說，如果是簡報資料，就得擬定整份簡報預定傳達的訊息、整體綱要（目次）、各張投影片的結論和內容結構、投影片中的物件附註內容等。只要像這樣製作樣稿，便能得知簡報資料製作的必要輸入資訊。

再舉個例子，如果是數據分析試算表，

則得擬定分析結果的外觀、統計邏輯（分析觀點）、統計報表的縱軸（欄）・橫軸（列）、數據收集範圍及精細度等。只要像這樣製作樣稿，就能避免收集過多無謂、瑣碎的數據。

◎針對淺野執董提出的「成果樣稿」

接著就來思考看看針對KSJ公司淺野執董，泉先生他們應該製作什麼樣的資料。

淺野執董的疑問（追求的答案）為：「是否該認真考慮『YON-YON』導入一事？」足以提供解答的成果，應該包括一張摘要投影片（YES・NO的假設、三個分析實例而得的理論依據），以及三張理論依據別的詳細說明投影片（兩三個主要實例的概要與分析）。

此外，最好還能附上投影片的資訊來源，也就是引用實例的詳細資訊一覽（業界、公司名稱、營業額、員工人數、顧客規模、「YON-YON」導入成本、期間及定量・定性效果）。

◎由成果倒推

如上所述，大家不妨於展開輸入資訊的蒐集前，先製作「成果樣稿」，洞悉最終目標。

由成果（產出）樣稿倒推輸入資訊的手法，能有效去除工作上的勉強、多餘、多變等狀況。

迅速地著手進行，當然也很重要，不過更重要的是在著手之前，先動腦預測未來。習慣「姑且做了再說」的人，不如試著刻意讓自己在動手之前，先動腦思考一下。

POINT

「成果樣稿」為先，「作業」在後。

SCENE 02

作業規劃——「不能仰賴作業效率嗎？」

聽從阿部前輩「以邏輯思考鞏固工作框架」及「成果樣稿為先，作業在後」的教誨，泉先生和君島小姐開始進行工作。

不過，泉先生對於光憑如此是否真的能提高工作效率，似乎有些存疑。

「我試著大幅提高你們的視角，感覺如何？」

「感覺像換了一個新腦袋。」

「那個……雖然我明白你說的意思……」

「泉先生，怎麼了？」

「如果最終給對方看的資料只是投影片，那就得趕緊製作投影片，不是嗎？這樣效率比較好吧？而且能直接用投影片交差。」

「那倒也是，如果能省略實例蒐集的作業，就不用做得太辛苦。」

「說到辛苦，上次之所以辛苦，根本是因為蒐集實例時，泉先生和大森先生那一組的作業延誤得太嚴重了，對吧？」

「是這樣沒錯，那是因為……我有點拿他沒轍，感覺很難溝通……」

「辛苦歸辛苦，不過在橋本經理過目審閱之前，倒是有段意外的空檔哦。」

「因為還在『待審』啊，那有什麼辦法。」

「好了，別吵了。你們拚命互相吐槽，我根本有聽沒有懂，先讓我整理一下你們的說法。就結論而言，只要能解決剛才提到的問題，你們的工作效率將能增加五成。」

「好想知道該怎麼做喔。」

「你們很有幹勁喔。重點就是著手進行前先規劃作業流程、不能暫停作業，還要留意與他人的合作效率。」

1

HOW

規劃作業流程

◎各項作業之間以「SIPOC」串聯

相對於會議中呈現眾人眼前的簡報投影片，暗自製作的中間成果「分析試算表」，則是尚未見光便結束任務……目睹這種狀況，剛到職不久的我逕自認為：「不能光做投影片就好嗎？」不過答案是否定的，畢竟最終成果，往往得經由製作「中間成果」的過程，將雜亂的資訊加以整理、彙總，才能確實取得。

就這層意義來說，中間成果可用渠道做比喻。而整頓渠道，讓資訊流通的動作，則稱為「作業」。為了能效率一流地完成作業，針對由中間成果及作業構成的資訊流詳加規劃極為重要。那麼究竟該怎麼做才好呢？

為了進一步加深各位的理解，在此介紹一個關鍵字「SIPOC」。

作業的「SIPOC」

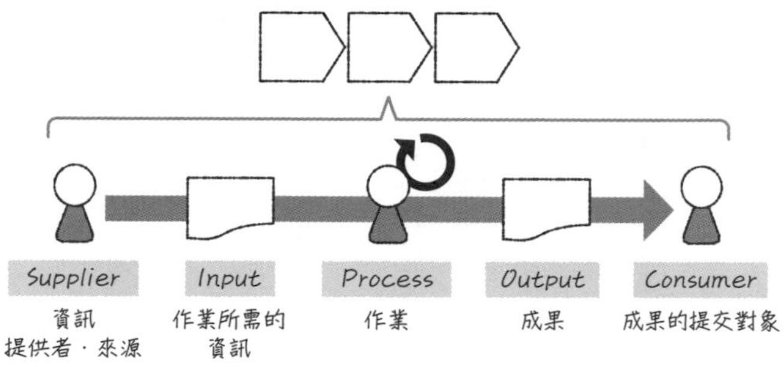

作業的串聯以「SIPOC」展開規劃

所有的作業流程，都是向輸入資訊的提供者・來源（S：Supplier），索取作業所需的資訊（I：Input），然後進行作業（P：Process），再把成果（O：Output）交給提交的對象（C：Consumer）。而各項作業之間，都能夠以中間成果（前段的O與後段的I）串聯。

一旦像這樣猶如拼圖似地連結各項作業，通往最終成果的渠道，將就此大功告成。對於擅長規劃安排的外商顧問而言，拼組這樣的拼圖，簡直就像家常便飯。

◎實例蒐集的「SIPOC」

接著就來思考看看泉先生他們從實例蒐集，到簡報資料製作的「SIPOC」吧。

①製作實例一覽表——上網或從政府白皮書（S）中，搜尋與實例相關的公開資訊（I），然後填入實例一覽表中（P），再把實例一覽表（O），交給負責「分析篩選」的對象（C）。

②分析篩選——向實例調查負責人（S），索取實例一覽表（I），然後填寫實例一覽表中的「分析」欄（P），再把實例一覽表（O），交給負責「製作簡報資料」的對象（C）。

③製作簡報資料——向分析篩選負責人（S），索取實例一覽表（I），然後製作簡報資料（P），再把簡報資料（O），交給淺野執董（C）。

像這樣透過「SIPOC」的整理，將能清楚看出與實例相關的公開資訊，經由中間成果的實例一覽表，彙總成簡報資料的作業流程。如果再搭配使用前述的「成果樣稿」，由輸入到產出的資訊流，將呈現井然有序的狀態。

◎整理作業流程，進行預測

如上所述，大家不妨根據工作的最終目標製作「成果樣稿」，然後以「SIPOC」整理作業流程，最後再著手進行作業。只要整體流程清晰可見，便能輕易預測未來，事先排除影響進度的主要障礙，進而大幅提升工作品質及效率。各位務必養成以「SIPOC」積極預測作業的工作習性。

POINT

以「SIPOC」進行整理，讓作業流程井然有序。

2

作業規劃

極度壓縮「等待時間」

◎「等待作業完成」的原因為「作業規劃錯誤」

因為等待他人完成作業，以至於無法著手自己的作業。雖然稍後終於能開始作業，卻變成對方得等待自己完成作業。像這樣互相反覆稍候的結果，進度將逐漸延誤。

之所以如此，原因就在於**「作業規劃錯誤」**。原本能同時並行的工作，卻依照時序進行，結果產生多餘的等待時間。各項作業之間，絕不能存在多於需要的依附關係。

為了避免這種狀況發生，**務必留意「縱向依附」和「橫向依附」**。

所謂「縱向依附」，意指存於工作框架中的上下（SOWHAT／WHY）關係；至於「橫向依附」，則為延伸自同一項目的各個項目，彼此之間的依附關係。「縱向依附」無法排除，因為這是連結工作目的和手段的依附關係。

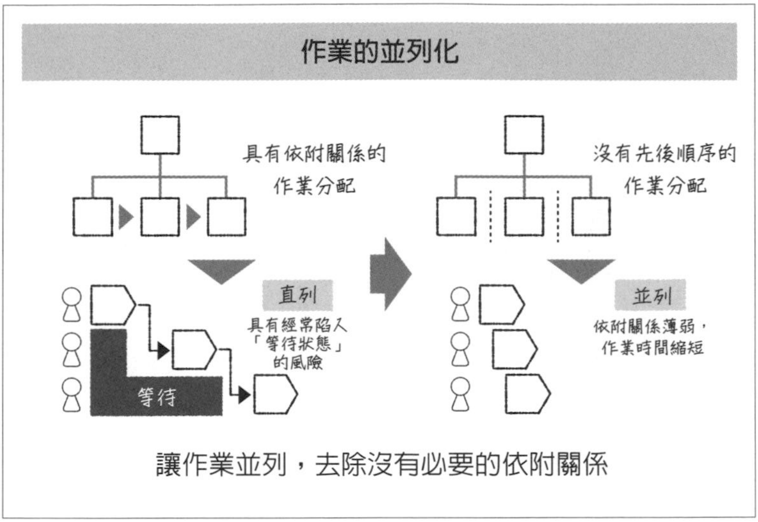

相對於此，「橫向依附」則與「縱向依附」不同，只要善加挑選MECE的切入點，便得以排除。

打個比方來說，即使同樣是實例蒐集作業，如果從「實例搜尋」和「數據整理」切入，就會產生依附關係；要是改由「零售業界」和「通訊業界」切入，則變成並列關係。

◎作業分擔的並列化範例

在此以泉先生和大森先生進行的實例蒐集作業為具體實例，瞧瞧他們如何規劃安排吧。

①泉先生著手製作實例一覽表的表

單，然後針對自己負責的範圍，展開實例調查。

②泉先生將實例一覽表交給大森先生，請他進行實例調查，並將結果填入表單中（泉先生處於等待狀態）。

③大森先生完成調查及填表後，再由泉先生全面確認整合。

由此可見，實例一覽表以「泉先生↓大森先生↓泉先生」的方式傳遞，當其中一人著手更新表單之際，另一人便處於等待狀態，造成時間的浪費。換句話說，作業形成「縱列連結」的狀態。

針對於此，不妨試著將作業分配如下：

①泉先生著手製作實例一覽表的表單。

②大森先生和泉先生同時各自搜尋自己負責的業界實例，並將結果填入實例一覽表中。

③完成調查後，整合彼此手中的實例一覽表。

只要像這樣將作業方式改為「並列連結」，讓大家同時進行作業，便能壓縮互相等待完成的總計時間，提高工作效率。

◎橫向依附就是化身「生魚片」

如上所述，各位不妨於規劃作業時，極力減少依附關係，打造得以並行作業的狀態。ＩＴ業界有時稱作業的並行化為「切生魚片」，因為讓工作並列的狀態，看起來就像擺滿整盤的生魚片一般。

為了勉強配合無理的交件日期，於是壓縮作業時間的事後「切生魚片」，只會換來加班和疲憊，不過，早於作業規劃階段就先進行的「切生魚片」，則為避免等待狀態造成時間浪費的有效手段。

除了講求「進行作業時的效率提升」，其實從「減少乾等時間」著手追求效率化，也能有效提高生產力。

POINT

作業規劃應為「並列」，而非「縱列」，極力減少等待時間。

3

待審

以「預約」避免等待主管的審閱

◎可透過規劃安排避免「待審」

由於自己負責的作業已經完成，於是打算請主管確認結案，結果卻因為卡在「待審」狀態，導致遲遲無法結案……各位是否有過類似的經驗？

審閱和簽核，為主管（從高一等的位階檢視工作的人）確認成果品質及妥當性的動作。前述工作框架中的「縱向依附關係」，**怎麼也無法迴避主管的審閱和簽核**。為了預防「待審」造成的延誤，巧妙地安排規劃極為重要。

話雖如此，大部分的人還是等到做出最終成果，才呈請主管過目審閱。因為他們認為如此一來，自己來不及交件的風險，以及被主管要求修改的情形，都會大幅減少。結果，由於無法和忙碌的主管約妥時間，最後往往深陷「待審」狀態之中。

避免「待審」

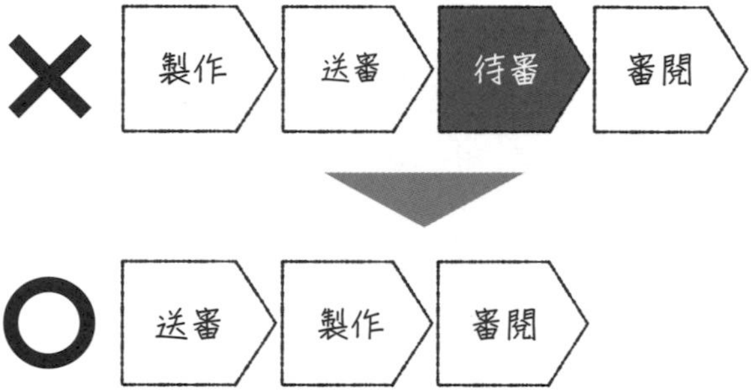

先敲定送審的時間點

為了預防這種狀況發生，**務必於著手作業之前，便先敲定送審的時間點，然後請主管預留這個時間**。

只要把工作拆解成各項作業，再以「ＳＩＰＯＣ」整理作業流程，將可以由工作的最終期限，倒推各項作業的期限。如此一來，針對每項成果，便能事先掌握「何時必須讓誰過目審閱？」

一旦釐清這個部分，接著只要預約主管審閱的時間，原本因無法和主管約妥時間而陷入「待審」狀態，進而延誤作業結案的情形，將得以避免。

外商顧問總是出於自然地**「先敲定期限」**。

例如，假設主管交辦：「三天後完成準備交給客戶的資料。」這時務必立即盤算：

「修改主管審閱後的資料得花上一天，因此第一次送審最慢得在兩天後。」然後當場拜託主管：「請預留兩天後下午的時間審閱這份資料。」最後便以兩天後頭一次送審為目標，展開資料的製作。

◎資料還是白紙一張，就得敲定送審的時間點，是否令人不安？

或許有些人覺得：「資料還是白紙一張，就得先敲定送審的時間點，讓人十分不安。」不過，請大家放心，其實這種不安的感覺不全然是真的。

無論要不要先敲定送審的時間點，只要確定「三天後向客戶提出資料」，兩天後就得讓主管過目審閱，因此這兩天必須做出資料初稿的事實並不會改變。既然如此，不妨先敲定送審的時間點，以避免遇上主管行程吃緊的風險，這種做法可說是上上之策。

◎由期限倒推，展開作業

如上所述，在主管交辦工作之際，大家不妨於著手作業之前，先和主管預約送審的時間。一旦從送審時間點倒推作業進度，看待工作的觀點，將得以由「耗費時間製作能力所及的資料」，切換成「製作可如期提出的具體資料」。

此外，後者完成的成果，無論品質或製作效率，大多得以大幅提升。

POINT

相較於「完成成果」，更該優先敲定「送審的時間點」。

4

整體效率

當心合作誤差

◎預防合作誤差的關鍵為「建立共識」

明明個人的作業效率還不錯，工作整體卻有所延誤；為了追趕落後的進度而提高作業效率，一回神竟然發現落後得更加嚴重；展開作業後理該有所進展的工作，就算提高作業效率，也無法挽救落後的進度。

之所以如此，原因全在於**「合作誤差」**。換句話說，每個人並非追求共同目標，而是各自朝向不同目標邁進，結果陷入「雖然人人進度可觀，但整體進度卻十分有限」的狀態。

如果相關人員不多，反正影響不大，倒也就罷了，不過要是人數眾多，影響將會擴大。一旦變成這種狀況，想憑作業效率彌補進度，幾乎不可能。**就整體工作效率來思考，合作誤差造成的延誤風險，才是應該注意的頭號問題。**

比起作業失誤，合作誤差的影響更大

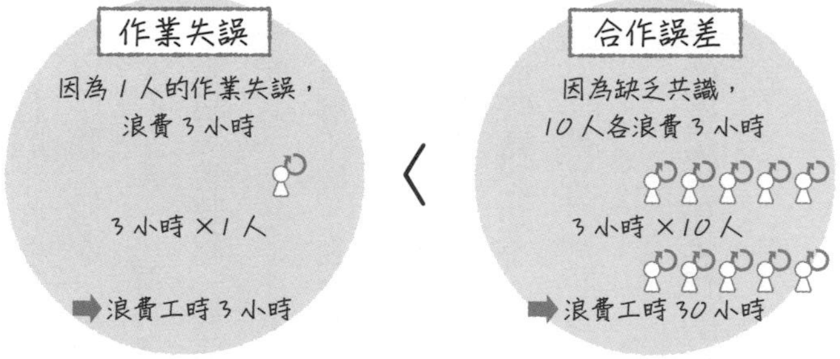
作業失誤
因為1人的作業失誤，
浪費3小時
3小時×1人
浪費工時3小時
〈
合作誤差
因為缺乏共識，
10人各浪費3小時
3小時×10人
浪費工時30小時

避免合作誤差，正是提高整體效率的關鍵

避免合作誤差的關鍵，就是「建立共識」。

所謂「建立共識」，意指針對工作和作業的前提，各個相關人員的理解相同一致。

尤其是下列各點，必須具備嚴密的共識：

- **最終目標**——針對工作及作業應該達成的事項，理解是否一致？
- **期限**——針對工作的里程碑和作業的匯集處，認知是否毫無差異？
- **工作規劃與分配**——關於由誰以什麼樣的順序，進行什麼作業，認知是否一致？
- **詞彙的定義**——是否以相同定義使用相同詞彙？

要是相關人員針對這幾點的認知互有出入，白費工夫或回頭修正的情形將經常發生。例如：整合分頭進行的工作時，發現不協調之處、事後才發覺沒人處理的「三不管作業」、多數人都做同一項作業、他人未於預定期限內完成作業、並未取得預定的輸入資訊……等。

有關「詞彙的定義」，再為各位多說明一些。

打個比方來說，當聽到「網路」一詞，你通常會想到什麼？

有些人會想到「系統的串聯」（網際網路），另有些人則可能想到「人的串聯」（社群網站），彼此見解不同。在這種狀態下，即使宣稱：「本公司的強項為網路。」也無法讓對方理解自己的原意。

才差那麼一點點……或許有人心裡這麼覺得，不過就我個人的經驗，**看起來越沒什麼的部分，越有可能暗藏認知不一致的陷阱**。尤其與業種或專業領域不同的人共事時，務必把共識建立到有過之而無不及的程度。

◎精準無誤的合作為工作的前提

與造就成果並無直接關聯的「建立共識」，乍看或許多此一舉，然而，因合作誤差造成的進度延誤和生產力低落，無法憑提升作業效率進行挽救。如果考慮團隊整體的回頭修正風險，其實預防合作誤差比提高作業效率更加重要。

自己和相關人員的認知是否一致？對方是否正確理解自己的心思？大家不妨藉由「建立共識」，以精準無誤的合作為目標。

POINT

相關人員衆多時，更得仔細謹慎地建立共識。

SCENE 03

作業效率——

「作業爲何卡關？」

泉先生和君島小姐已做好為了展開作業的前置準備，接下來將正式著手進行。

不過，雖然他們列出了待辦事項清單，優先程度卻全數標記為「高」。

「好！接下來就各自努力作業吧。分頭蒐集的實例一覽表預計下午五點進行彙整，到時我會先幫你們檢查一下，麻煩兩位了！」

「了解！」

「唉……」

「你看來面有難色耶，怎麼了？」

「啊！君島小姐。這次的待辦事項清單，妳列好了嗎？我寫的待辦事項，優先程度全都是『高』耶！」

「我也是，這下該如何區分先後順序啊？」

「就是啊，阿部前輩說透過規劃安排，可讓工作速度快上三倍，我看得趕緊著手進行，否則根本不可能提高工作效率。」

「泉先生一向動作很快啊（面露賊笑）。」

「妳少挖苦我了。」

「抱歉抱歉，不過其實你卡住了哦。」

「是啊，這種時候阿部前輩他……」

「怎麼了？」

「哇！你有順風耳啊！」

「應該叫『惡魔之耳』喔。你們的對話我都聽到了，教你們兩個妙招，那就是『正確的優先程度設定方法』，以及『作業不卡關的訣竅』。」

1

緊急的陷阱

保證正確的優先程度設定方法

◎待辦事項清單內含「權力關係」

製作待辦事項清單時，寫出「待辦事項」、「期限」、「預估作業時間」後，為了決定著手處理的先後順序，想必最後會設定「優先程度」。

這時，各位應該會基於「主管交辦」、「工作需要」等考量，**而把待辦事項清單的作業項目全數設定爲「高」**，對吧？

其實，當我還是個菜鳥顧問時就是如此。結果，我把本該優先處理的作業向後推延，最後被罵得狗血淋頭。

如果能如期完成全部作業倒也罷了，要是時間有限，難以達成任務，就得設定不同的優先程度。這時究竟該怎麼做才好呢？

優先程度和延後程度

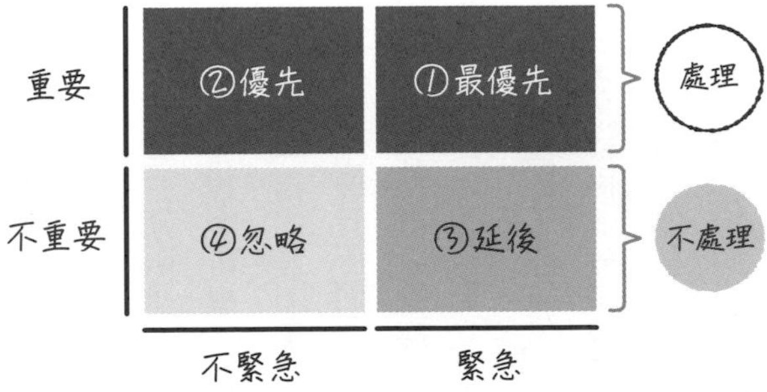

不為交件期限所惑，如果重要度偏低，就放棄處理

說明具體方法之前，先告訴各位一個重要的前提，那就是「待辦事項清單絕不可能空白」的事實。對公司而言，你的時間為寶貴的經營資源，因此主管為了不讓身為部下的你擁有「空檔時間」，往往丟一堆工作給你。只要存在這樣的權力關係，你的待辦事項清單絕不會空白。

而且，更可惡的是當中有些主管，就是以不讓你閒著為目的，於是盡丟些無助於成果，毫無價值可言的作業給你。

換句話說，**即使是主管交辦・指示的作業，也得查驗一下：「真的能創造價值嗎？」**

即使是客戶的要求，只要根本不重要，生產力超高的外商顧問也會向客戶說明個中原委，然後加以婉拒，或是降低優先程度，

藉此將寶貴的時間留給值得處理的工作。具體而言，究竟該怎麼做才好呢？

◎不隨期限壓力起舞

重點就在於不隨「期限壓力」起舞。

一般而言，優先程度可根據對成果貢獻大小的「重要度」，以及到期前剩餘時間多寡的「緊急度」，分成「①重要且緊急」、「②雖然重要，但並不緊急」、「③雖然不重要，但是緊急」、「④不重要且不緊急」四大類。

大部分的人，往往最先處理「①重要且緊急」，其次則是「②雖然重要，但並不緊急」和「③雖然不重要，但是緊急」，最後才處理「④不重要且不緊急」。

不過，這時應該注意的是「③雖然不重要，但是緊急」。這類作業就是所謂「急件委託」的一種，應該延後或放棄處理。因為大家極有可能一聽到「緊急」二字就隨之起舞，進而過度提高優先程度。基於「交件期限緊迫」的原因，於是優先處理並不重要的作業，等同於將寶貴的時間，投注於無法創造價值的作業上。

比起緊急度，「基於何故？為了誰？」、「真的能連結成果嗎？」等重要度，其實更是要緊許多。

只要保有這樣的觀點，將能提前完成作業。如此一來，內心餘裕油然而生，進而得以撥出時間處理「②雖然重要，但並不緊急」的工作。

◎相較於緊急度，更該憑重要度判斷優先程度

如上所述，大家不妨經常把時間分配給「能連結成果的作業」，同時判斷優先程度時，與其看緊急度，更該根據重要度。要是過度在意期限壓力，不斷窮於應付「急件委託」，本該執行的工作將毫無進展，就此結束一天。

聽到「緊急」二字時，更該聚焦重要度，然後釐清優先程度。

POINT

相較於「緊急度」，更該憑「重要度」判斷優先程度。

2

作業效率化

作業不卡關的訣竅

◎以帕累托法則反覆進行「兩成短跑」

一直持續相同作業後，雙手的動作及腦袋的運轉將陷入停頓，這種「卡住」的經驗，想必大家都曾經有過吧。想得越多越深入，越是往遣詞用字或細微表現等細枝末節鑽牛角尖，結果耗費許多時間，效率一落千丈。

然而，時間相當有限，因此必須盡早擺脫卡關狀態，讓自己保有超高的工作效率。生產力超高的外商顧問都是如何切換自己的狀態呢？

在此推薦一種方法，就是**活用「以兩成付出，創造八成價值」的帕累托法則**（Pareto principle）。只要仔細觀察，將發現兩成時間創造八成價值的情形，其實相當之多。

舉例來說，花一小時製作資料時，一開始用幾分鐘寫出的草稿，即可創造八成的資料價

作業效率和帕累托法則

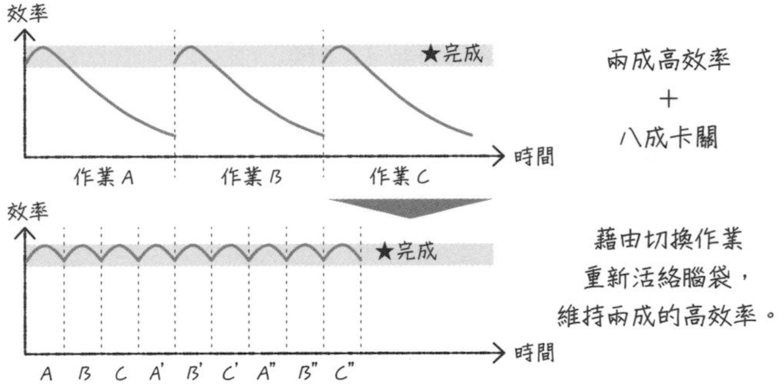

以「兩成短跑」維持高效率

值。此外，觀察作業效率本身，多半也是以最初兩成時間的作業效率最佳。

基於此故，只要切換處理中的題材，便能運用俗稱「活腦」的人類特質，壓縮效率偏低的八成時間，同時增加效率超高的兩成時間。換句話說，**就是反覆進行以兩成時間爲段落，改做其他作業的「兩成短跑」**。

打個比方來說，各需一小時的三項作業，可調整為「兩成短跑」的方法如下：

調整前……A（一小時）↓B（一小時）↓C（一小時）

調整後……A—1（十五分）↓B—1（十五分）↓C—1（十五分）↓A—2（十五分）……

調整的重點，就是以十五分鐘為單位，將作業分割成數個段落，而每個作業段落之間，皆穿插兩三分鐘的短暫休息。

另外還有一種方法，就是每二十五分鐘暫停一下，藉此確保專注力的「番茄工作法」（pomodoro technique）。「pomodoro」為「番茄」的義大利文，由於提倡者法蘭西斯科・西里洛（Francesco Cirillo）很愛使用番茄造型的廚房計時器，於是以番茄命名。這個「番茄工作法」的應用版正是「兩成短跑」。

這種方法的好處，就是可以訂出綜觀整體作業的時間點。吃過午餐，返回工作崗位，然後綜觀整體作業的瞬間，突然察覺：「啊！這麼做就行了。」像這樣從「腦袋打結」的狀態中豁然開朗的經驗，想必大家都曾經有過吧。強制．刻意營造這種狀況，壓縮「腦袋打結」的時間，正是「兩成短跑」的關鍵重點。

就算執行中的作業只有一項，也要每隔十五分鐘休息兩三分鐘，如此一來，將能獲得相當類似的效果。

就我個人的經驗而言，只要活用這個方法，原本總共得花三小時的工作，大約能壓縮於兩個半小時之內完成。

◎切勿過度執著於「單工作業」

如上所述，各位不妨活用「兩成短跑」，讓作業效率維持巔峰狀態。據說人類並不拿手多工作業，不過，要是因此執著於單工作業，結果導致「腦袋打結」的時間增加，根本是本末倒置。

就請累積創造八成價值的兩成時間，進而提高工作的品質和效率。

POINT

反覆運用創造八成價值的「兩成」時間。

STORY

規劃安排的要訣——

「洞悉最終目標，就從捷徑著手。」

上次花十天才搞定的工作，三天就要完成交差。

雖然是如此無理的要求，不過多虧阿部前輩的建議，泉先生和君島小姐似乎順利完成了實例的整理。

「各位，時間到了！我們來整合確認一下目前完成的資料吧。」

「就是這份資料！」

「喔——你們完成了耶……嗯……乍看起來整理得還不錯唷。」

「過獎了！這次做起來容易多了。」

「不僅搜尋範圍縮小許多，蒐集的資訊也十分明確。我終於明白掌握工作全貌的意義為何了。」

「我也終於搞清楚究竟得連結什麼事，以及如何連結，感覺過程中並沒有太多迷惘。」

「感覺不錯嘛，看來你們已經掌握到洞悉最終目標，然後從捷徑著手的感覺了。只要能出於自然地運用我傳授給你們的訣竅，工作速度就能快上三倍，因此務必保持下去唷。」

（電話鈴聲）

「喂！橋本經理嗎？……什麼？和深津經理洽談嗎？」

阿部前輩似乎接到橋本經理的來電。

看樣子，她又提出了什麼無理要求……

COLUMN
1

「無理要求」的根本原因為何？

大部分的「無理要求」，5W1H 的比例往往失衡。打個比方來說，相對於成果的量和質（WHAT），期限（WHEN）過於短促；針對達成毫無計畫（HOW），但卻毫不客氣地強調必要性（WHY）。

這些比例失衡的情形，雖然可以藉由提高生產力稍做彌補，不過當中依然存在因 5W1H 比例過度失衡，以至於「無法使命必達」的無理要求。如此一來，要做出符合期待的成果，獲得極高的評價，想必十分困難吧。

在此建議大家思考一件事，就是「掌控期待值」。

所謂評價，就是「根據期待值論定成績」。只要成績超越期待值，評價往往極高，反之則是評價偏低。基於此故，大部分的「優秀者」，總會設法提高成績。然而，「真正的優秀者」則是反其道而行，全力降低期待值。

如果對方期待的期限過於短促，他們便極力交涉：「可如期完成的部分，實際只有這些，其他部分得再多等一週。」要是對方期待的品質過高，他們則直接表明：「如果是您期待品質的七成，就能如期完成。」藉此讓 5W1H 的比例合理化。

透過這種方式，將能確保工作的達成、對方給予的評價、自己的工作與生活平衡（work-life balance），都不受無理要求影響。即使遇到「無理要求」，也要積極因應，藉此提高自身工作能力，當然十分重要，不過讓對方的期待值趨於合理的方法，反而更能彰顯效果，請大家務必牢記這一點。

CHAPTER

2

表達方式

「能於三十秒內簡明扼要地說明一下嗎？」

為了提高生產力，
必須以淺顯易懂的方式向對方表達。
重點包括「開場白的說法」、
「切入主題的方式」、「進行洽談的方式」。
本章將為大家介紹相關技巧。

STORY

表達方式的生產力——
「對方同意一小時後撥五分鐘給我們。」

阿部前輩接到橋本經理的來電，這次她提出的無理要求是……

「喂，阿部先生嗎？有關『YON-YON』一事，深津經理同意撥些時間給我們。事出突然，真是不好意思，能麻煩你去拜訪她嗎？」

「您要我去打聽打聽門市單位對於現行系統的意見，對吧？好的，您和她約什麼時候呢？」

「一小時後。有一場我們公司另案協助的開發專案會議，她同意最後撥五分鐘給我們。大森先生應該知道地點在哪，你去問他，就這樣！」

「喂？唉——掛斷了，真是個大忙人。」

「如上所述，對方同意撥五分鐘給我們，真是好運……」

「你也行行好，別老是答應這種無理要求啦！」

「你竟然對我吐槽，要不是『穩操勝算』，我才不會答應呢。」

「不過實在是太突然了，而且五分鐘也太短促了吧？」

「說得一點都沒錯！泉先生，但這才是練習的大好機會，你不這麼覺得嗎？」

「什麼？那個……難不成……」

「你猜對了，這次就請你負責和對方洽談吧。」

「此話當真……？」

「別擔心，赴約途中，我會告訴你洽談方式的重點，必要時也會挺身相救。反正只有五分鐘，我們真正能夠說明的時間……應該才三十秒吧？」

橋本經理和ＫＳＪ公司深津經理約好的洽談時間，竟然就在一小時後，且僅僅五分鐘，而真正能夠說明的時間只有三十秒。泉先生能在如此短促的時間內完成任務嗎？阿部前輩將提供泉先生什麼建議呢？

SCENE 04

開場白的說法——

「如何讓對方豎耳傾聽？」

KSJ公司深津經理同意撥出「五分鐘」，給COLONY公司的泉先生和阿部前輩。他們必須在有限的時間內，開門見山地說明來意、切入主題，並針對確認事項交換意見。泉先生能否根據阿部前輩傳授的重點（會議前——前往KSJ公司途中的對話），順利地和KSJ公司深津經理進行洽談？

（與KSJ公司深津經理開會）

「您好，敝姓泉，我代表COLONY公司前來拜訪。」

「兩位好，我知道你們要來，我們就速戰速決吧，之後我還有其他行程。」

（原來如此，看來她正處於「急躁」的情緒模式喔。）

「好的。那個……今天臨時約您，感謝撥冗……」

「找我有什麼事？」

「嗯……啊……是。那個……其實本公司受淺野執董之託，正針對『YON-YON』顧客管理資訊系統進行實例調查……」

「這件事由淺野執董負責吧？關我什麼事？」

「嗯……啊……是。那個……」

「為了讓您同步知道淺野執董交辦的工作，而且有件事想請教您，於是前來拜訪。」

（會議前——前往KSJ公司途中的對話）

「開始洽談之前，先掌握一下對方到底想不想聽吧。」

「對方既然同意撥時間給我們，我想應該願意聽吧。」

「那倒未必，得看對方的『情緒模式』，有時我們才剛開口，就被狠狠打斷。不妨一邊觀察狀況，一邊變換說法，然後讓對方做好豎耳傾聽的準備。換句話說，為了能在最短的時間內切入主題，必須先做好準備。」

1

開場白

根據對方的情緒模式變換說法

◎為什麼採用「正確」的說法，對方依然顯得急躁？

不光是開會或洽談而已，凡是需要說明的場合，經常會發生這種狀況。這時，一旦畢恭畢敬地問候致意，對方往往立即表示：「快點進入主題！」如果先說結論，對方則會要求：「給我從頭說起！」要是從背景狀況切入，通常會被對方嗆一句：「快說結論！」……各位是否有過類似的經驗？

即使採用號稱「正確」的說法，依然無法順利洽談，個中原因就在於沒有掌握到對方的「情緒模式」。所謂「情緒模式」，就是對方於談話時的狀態。針對看似急躁的對象表達過度恭敬的問候，只會適得其反；對於期望聽到背景與來龍去脈等詳細說明的對象，「先說結論」的說法，將難以和他們取得溝通。環繞本人四周且口才一流的外商顧問，總能精準掌握

各種情緒模式的適用說法

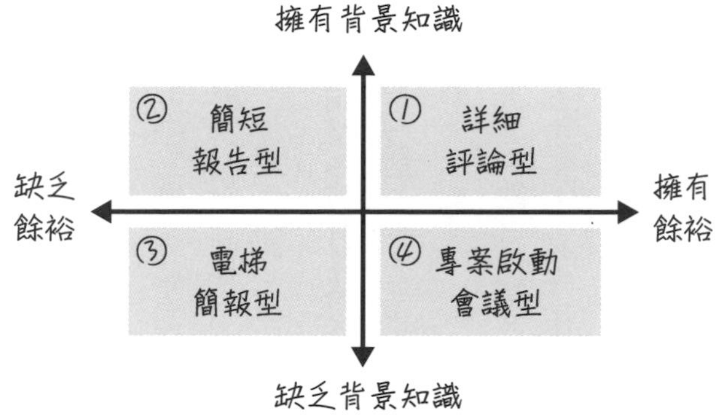

根據對方的「情緒模式」變換說法

對方的情緒模式，靈活巧妙地變換說法。

爲了掌握對方的情緒模式，重點就在於判斷對方是否擁有「餘裕」和「背景知識」。

首先關於「餘裕」，必須思考對方是否擁有時間和精神層面的餘裕。

只要對方同時擁有時間和精神層面的餘裕，將很容易切換成「那就洗耳恭聽吧」的情緒模式，也能容許「畢恭畢敬的問候」。不過，一旦欠缺其中一種餘裕，便會轉為「有話快說」的情緒模式，因此盡快切入主題才是上上之策。

有關餘裕的有無，可從對方的前後行程、口氣、說話速度、舉止態度及表情等加以推測。

至於「背景知識」，則可根據對方是否頭一次聽聞洽談的內容加以判斷。

如果對方為初次耳聞，便很容易變成「給我從頭說起」的情緒模式，因此先說明背景，再切入主題，也就是採用「由整體到個別」的闡述方式較為適切；要是對方並非初次耳聞，則容易變成「快說結論」的情緒模式，偏好「由結論反推理由」的說法。關於背景知識的有無，可透過事前調查或一開始的確認詢問加以判斷。

在此以「餘裕」和「背景知識」有無的雙軸線，將適用的說法區分如下：

① 詳細評論型（擁有餘裕×擁有背景知識）

畢恭畢敬地問候對方，並以「由結論反推理由」的說法闡述主題。例如向對方取得充分時間的評論會議。

② 簡短報告型（缺乏餘裕×擁有背景知識）

開場白以最精簡的方式「由結論反推理由」。例如將最低限度的必要資訊，恰如其分且分毫不差地向主管報告。

③ 電梯簡報型（缺乏餘裕×缺乏背景知識）

如同在抵達前往樓層前的短暫時間內，向共乘電梯的對象進行簡報的「電梯簡報」一般，在極短的時間內，以「由整體到個別」的方式全數說明。

④專案啓動會議型（擁有餘裕×缺乏背景知識）

如同投入新專案時的專案啟動會議一般，以問候語句開場，繼而展開背景說明、主要論述，採用「由整體到個別」的引導式說法。

在此以矩陣（matrix）試想泉先生的洽談對象，也就是深津經理的狀況。

根據事先得知「洽談時間只有五分鐘」的情報，以及深津經理表示「之後還有其他行程」且略顯急躁的神情，不難理解她正處於時間和精神層面皆缺乏餘裕的狀態。

此外，雖然已和她約好洽談的時間，不過那是僅僅一小時前的事，想必她並不清楚「YON-YON」調查的展開背景。基於此故，判定「電梯簡報型」將是最適用的說法。

如上所述，準備和他人洽談之際，不妨從「餘裕」和「背景知識」的有無，推測對方的「情緒模式」，再據此切換說法。只要理解對方的狀況，便能大幅提升洽談的效率，讓聽者比較願意豎耳傾聽。

POINT

掌握對方的「餘裕」和「背景知識」，變換切入話題的方式。

2

主旨

洽談時間越短時，越得讓洽談目的清晰明確

◎先說明希望對方做什麼

話才說到一半，就被對方打斷：「這件事與我何干？」……各位是否有過類似的經驗？就算沒遭對方打斷，是否曾經談到一半，對方就一臉不耐煩？

之所以如此的原因之一，就是對方難以理解洽談的內容與自己何干？

本人二十多歲的時候，也曾因為承辦的工作遇到問題，於是找前輩顧問商量，正當我依照時序說個不停時，前輩劈頭怒斥：「你不用從頭告訴我發生什麼事。話說回來，這件事與我何干？你希望我怎麼幫你？」

總是被人要求高生產力的外商顧問，即便只是與人交談，也極度在意：「爲什麼得和這個人對話？」

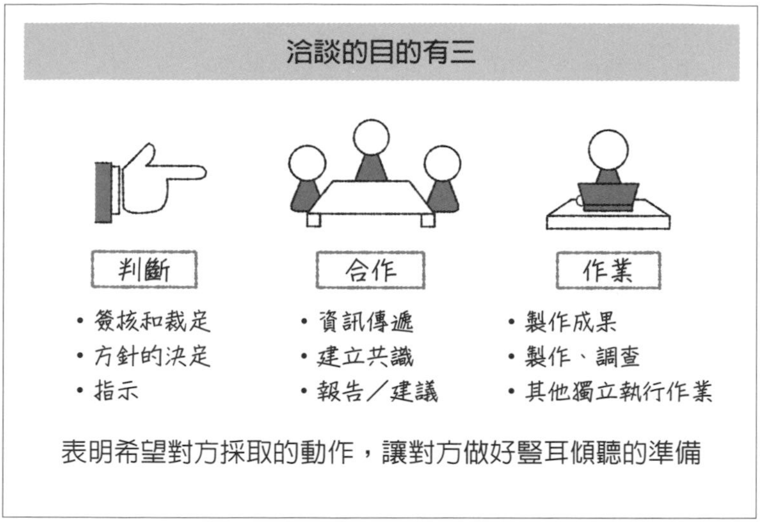

同樣的道理，對於得在有限的時間內做出一番成果的上班族而言，幾乎沒啥理由聆聽與自己無關的話題。切勿認為對方理所當然該聽自己所言，而是得讓對方理解自己所言，都是他們「該聽的內容」。

讓對方認為「和自己有關」的重點，就是**率先表明「希望對方採取的動作」**。

沒有明說希望對方採取什麼動作，只是逕自侃侃而談，對方將聽得一頭霧水，毫無反應，最後恐怕變成白談一場。

工作上的動作，可分爲「判斷」、「合作」、「作業」三種。

● **判斷**——意指裁定。「簽核」當然屬於這類，此外，「商量」具有請示的意涵，因此也屬於判斷的一種。

● **合作**——意指資訊傳遞。例如與相關人員建立共識、明言「請惠賜意見」以徵求對方建議等，此外，「報告」和「聯絡」也屬於合作的一種。

- **作業**——意指要求對方實際動手執行。

如果以製作業務規範手冊為例，各種動作的內容將如下所述：

- **判斷**——審閱規範手冊的內容或批准最後的分發安排。
- **合作**——讓必須參與製作的相關人員一起牽扯其中。
- **作業**——實際製作規範手冊。

只要於洽談之前，先告知對方目的為上述的哪個動作，對方將明瞭受託動作的方向性，因此比較容易聽懂洽談的內容。

◎希望深津經理採取的動作是「合作」

接著來瞧瞧泉先生對KSJ公司深津經理提出的說法。

泉先生首先告知：「本公司受淺野執董之託，正在進行實例調查。」結果，深津經理認為「這件事的負責人是淺野執董」，於是打斷泉先生，反問一句：「關我什麼事？」

約深津經理洽談的目的，應該是讓她對於現有顧客管理系統，談談自己認為有哪些問題，以及打算如何處理，換句話說就是「合作」。因此，泉先生最好先說一聲：「基於資訊共享……」把淺野執董提出委託的原委，告訴深津經理，然後再說：「想請教一下您的意見。」

◎事先擬定洽談的目的，進行有意義的對話

如上所述，與忙碌的對象洽談時，只要事先表明希望對方採取的動作是「判斷」、「合作」、「作業」三者中的哪一種，對方將比較不容易丟出一句「與我無關」，打斷自己的發言。

如果能養成習慣，於洽談前先思考一下「這次洽談的目的為何？」，想必所有對話都能變得意義非凡，進而取得更有效率的溝通。

POINT

思考「希望對方採取的動作」為「判斷」、「合作」、「作業」三者中的哪一種。

SCENE 05

進行洽談的方式——「爲什麼會談到離題？」

泉先生的發言慘遭對方打斷。雖然後來總算切入主題，不過泉先生思慮欠周的說法，似乎令深津經理耿耿於懷……

（繼續與深津經理開會）

「你們是基於淺野先生的指示，所以著手蒐集實例，對吧？然後呢？」

「是的，為了協助淺野執董判斷是否應該導入『YON-YON』服務，我們蒐集了其他公司的導入實例做為參考，想要事先請教深津經理的意見……」

「等一下，不過是蒐集實例而已，有必要徵詢我的意見嗎？只是蒐集資訊，沒錯吧？此外，所謂『判斷是否應該導入YON-YON服務』，我覺得以運用IT工具為前提進行調查，實在有點奇怪耶。按理來說，IT是用來解決第一線問題的技術，對吧？」

「啊，是的，那個……就我方的理解，淺野執董的原意是想大略釐清對KSJ公司而言，YON-YON是否值得導入。基於此故，我們希望掌握一些現有顧客管理系統的問題點，以做為參考。」

「我不大明白，所謂『參考』是什麼意思？想必你應該知道，顧客管理系統是保管客人個資的重要系統，就算你跟我說『想要參考一下』個中的問題點，我也不能隨便提供。」

「啊，是的，那個……我明白個資的重要性。不過就調查的觀點而言，如果簡報內容同時包含『能否解決既存問題？』，想必有助於貴公司做出更好的判斷……」

「所謂『更好』，具體來說是什麼意思？」

「不切實際又奇怪的決策風險將……」

「『實際』所指為何？『奇怪』又是什麼意思？」

「那個……」

「一般而言，無視第一線的實際狀況，單憑經營層『一聲令下』便導入系統，失敗的風險相當之大。結果，明明特別引進新系統，卻可能反讓第一線人員身心俱疲，而原本預期的效果也無法達成，更無法向高層說明投資報酬率……換句話說，可謂身受三重之苦。」

（會議前——前往KSJ公司途中的對話）

「掌握對方的心態後，隨即切入主題，這時切勿過度執著於腦中備妥的陳述順序。換句話說，務必洞悉表達的邏輯。」

「咦？我還以為只要邏輯說得通，對方多半都能理解。」

「你是說『邏輯萬能論』吧，我也曾經信過這套理論。不過，其實並非如此。隨對象不同，有些邏輯說得通，也有些邏輯說不大通。」

「真是如此嗎……？」

「唉！要是沒親身經歷過，的確不容易理解，你姑且試試看吧。給你一個提示：『深津經理從門市工讀生做起，升上店長後，又轉調至總公司，可謂從第一線苦熬出頭』。」

（我還是覺得只要邏輯說得通就行了……）

「而且這次只能談五分鐘，因此務必聚焦話題的主軸。此外，廢話少說，刺激性的發言也要有所節制，以免被她反嗆與主軸無關之事。」

「……我知道了。」

「拜託你囉，尤其是廢話，因為你平時的口頭禪會冒出廢話，務必當心。」

「了解，我會小心避免說些奇怪的話。」

（「奇怪」也是你的口頭禪，你有沒有自知之明啊……？）

1

說明的邏輯

採用對方聽得懂的「邏輯」

◎對方無法理解不是「聽者」的錯，而是「發言者」

為了讓對方理解而使勁說明，結果對方卻反嗆一句：「聽不大懂。」明明自認邏輯非常正確，陳述順序也無懈可擊，卻處處遭對方吐槽，最後不禁感慨：「明明邏輯如此清晰易懂，為何對方無法理解？」……各位是否有過類似的經驗？

不過，**無法和聽者溝通之時，凡是工作能力超強的外商顧問，肯定認爲問題不在「聽者」，而是在「發言者」**。

聽者往往於無法理解談話內容的瞬間放棄聆聽。把話說得讓對方能夠輕鬆理解，正是發言者應盡的義務。

外商顧問和對方洽談時，通常會填補邏輯上的缺欠，並且活用對方的熟悉感。

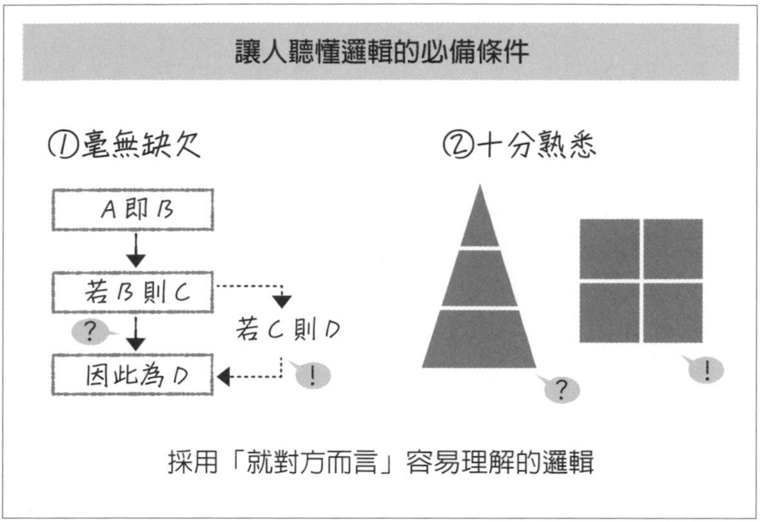

所謂填補邏輯上的「缺欠」，就是一邊釐清邏輯的銜接，一邊進行洽談。

打個比方來說，假設有人主張：「想要增加存款，就得花錢。」這個主張之所以難以理解，正是因為存在邏輯上的缺欠。

這時，只要彌補邏輯上的缺欠如下，想必他人就能理解：

- 「**想要增加存款**，就得減少開銷，或是增加收入。」
- 「為了減少開銷，必須以減少浪費為前提。」
- 「為求增加收入，就得讓資歷、能力雙雙升級，因此凡是必要的自我投資，都應該**花錢**毫不手軟。」

至於邏輯的缺欠得彌補到什麼程度，有時得依對方的知識量而定，為了確實讓對方理解，不妨刻意以「連中學生都聽得懂的程度」為標準吧。

此外，**所謂活用對方的「熟悉感」，就是以對方平時採用的邏輯推演架構**（framework）**做爲比擬，然後進行洽談**。

舉凡行銷領域的AIDMA（attention〔引起注意〕／interest〔產生興趣〕／desire〔培養欲望〕／memory〔形成記憶〕／action〔促成行動〕）等顧客行為模式、ＩＴ領域的MVC（model〔模型〕／view〔視圖〕／controller〔控制器〕）或多層架構（multitier architecture）等，都是頗具代表性的例子（上述專有名詞不妨記起來，不過此時不懂意思也沒關係）。

有關對方熟悉的邏輯推演，只要調查對方過去的經驗或目前的承辦業務，便能推知一二。

◎深津經理容易理解的邏輯為何？

接著就來分析一下泉先生慘遭ＫＳＪ公司深津經理吐槽的例子。

泉先生表示：「為了進行ＩＴ服務導入的相關探討，因此想要掌握目前的問題點。」然而，對於出身門市基層，最後苦熬出頭的現場主義者深津經理而言，ＩＴ充其量不過是種手段罷了。她認為泉先生以導入ＩＴ技術為前提的說法，根本把目的（解決目前的問題）和手段（ＩＴ服務導入相關探討）顛倒而論。

就算當真要以導入ＩＴ服務為前提進行探討，也必須針對非得依照這種順序展開探討的原委進行說明。例如：「調查『ＹＯＮ-ＹＯＮ』服務的用意，是為了事先掌握有關顧客管理系統更新的檢討重點，因此打算以三天的時間，快速進行深入的研究。」

◎活用對方容易接受的邏輯

如上所述，與他人進行洽談時，不妨以「對方的視角」，思考內容是否淺顯易懂。配合對方的背景選用邏輯，將能大幅提升表達效率。

POINT

留意邏輯缺欠、對方的熟悉感，優先考慮對方是否容易理解。

2

冗詞贅句

絶不多說一句廢話

◎是否陶醉於「表面化」的流暢感？

侃侃而談的模樣，往往能營造出「幹練感」。本人剛進公司時，也曾經覺得說明十分流暢的主管「非常厲害」。

這種流暢的說明可分為兩大類型，那就是對方得以立即理解的說話方式，以及只是說得很快，卻難以讓人理解的說話方式。

想當然耳，我們應該追求的類型，必定是對方得以立即理解的說話方式。

其實，**越頂尖的外商顧問，越在乎溝通效率，往往沒說幾句便指出問題的本質所在**。因為他們理解一旦連帶說些毫無意義的話，將使得所有在場者陷入混亂，進而效率不彰。具體來說，他們都是怎麼做的呢？

力求言簡意賅

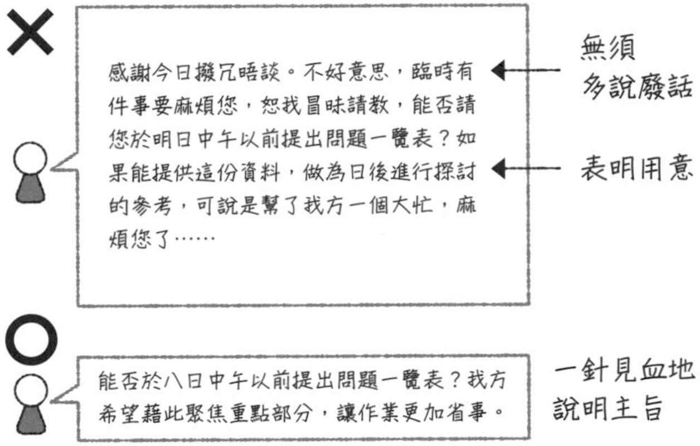

感謝今日撥冗晤談。不好意思，臨時有件事要麻煩您，恕我冒昧請教，能否請您於明日中午以前提出問題一覽表？如果能提供這份資料，做為日後進行探討的參考，可說是幫了我方一個大忙，麻煩您了……
無須多說廢話
表明用意
能否於八日中午以前提出問題一覽表？我方希望藉此聚焦重點部分，讓作業更加省事。
一針見血地說明主旨

一針見血地進行表達，根除導致對方吐槽的無謂字句

提高溝通效率的重點，就是得排除「冗詞贅句」。

所謂冗詞贅句，意指與主題無關的詞句。例如多餘的開場白、含糊的說詞、過度拐彎抹角的說法、「是啊」等。

針對這些經常脫口而出的冗詞贅句，在此列舉替代說法如下：

- 「做為參考」——「為了確認○○就是××」
- 「順帶一提」——「針對與○○相關的××」
- 「為求慎重起見」——「由於○○的××部分仍有疑問」

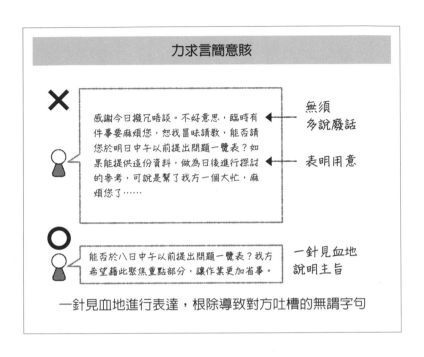

這類「冗詞贅句」，正好成為對方吐槽的對象。如果無法換成表明用意的說法，或許不說更好。

◎令深津經理耿耿於懷的字眼

接著再回頭瞧瞧泉先生的例子。

泉先生表示：「希望索取顧客管理系統的問題點，以做為參考。」結果遭深津經理回嗆一句：「我不大明白。」個中原因就是「做為參考」這個「冗詞贅句」。

「參考」一詞，具有「補充自身想法」的含意，當中並未交代所得資訊的用途。此外，保管個資的重要系統「顧客管理系統」所面臨的問題點，並非一句「做為參考」就能任意提供的資訊。畢竟要是隨隨便便地交給外人，恐怕會讓個資保全暴露於風險之中。

換句話說，深津經理認為泉先生未說明用途，就想索取重要資訊，於是斷然拒絕提供。

◎避免無謂的吐槽，提高洽談的效率

如上所述，進行工作上的洽談時，各位不妨排除「冗詞贅句」。只要不說廢話，一針見血地闡述主題，不僅能避免無謂的吐槽，還能讓洽談的本意更加明確。

當下想要表達的主旨越明確，遣詞用字往往越精簡。大家莫再執著於華而不實的「表面流暢」，務必力求言簡意賅，藉此讓工作上的洽談更有效率。

POINT

舉凡多餘的開場白、含糊的說詞、過度拐彎抹角的說法等，如果無法明確表達用意，不如迴避不說。

3
吸引注意

刺激性的措辭具有「反作用力」

「糟糕了！」、「事態緊急！」、「那件事毫無價值！」

為了吸引對方注意，大家是否曾經用過帶有刺激性且語意強烈的形容詞？類似這種一**開口便吸引對方注意的措辭，一般稱之爲「強力詞彙」**。強力詞彙為得以強調個人主張的超強道具。不過，它同時是一把雙面刃。要是衝擊性過強，有時也會陷入一說便引發對方反彈，以至於無法好好洽談的風險，因此務必洞悉使用的時機。

當我還是個菜鳥顧問時，對於強力詞彙的活用極不拿手，因此經常遭到無謂的吐槽，還被罵得狗血淋頭。基於此故，我以工作能力超強的前輩顧問為研究對象，仔細觀察他們與人洽談的方式，然後漸漸學會了如何判別活用強力詞彙的時機。個中重點說明如下。

當下是否適合使用強力詞彙，得以根據有無補充說明的機會和信賴關係的深淺加以判斷。

運用強力詞彙的時機

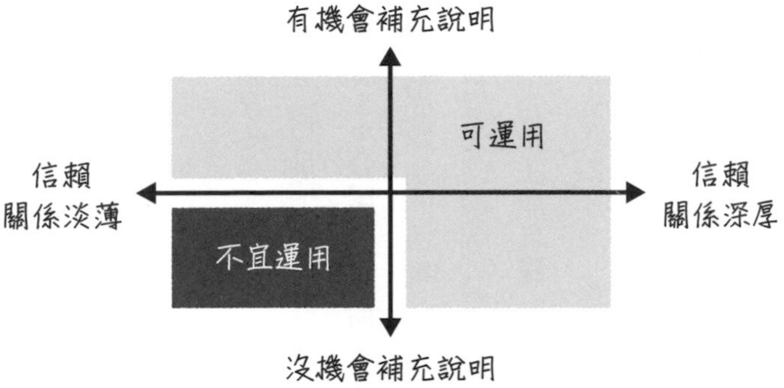

根據有無反作用力和因應機會進行判別

所謂有無補充說明的機會，即為是否有時間表達強力詞彙的真正意涵。

例如，如果說一句：「糟透了。」然後就不再審閱資料，對方將火冒三丈，不過只要提出補充說明：「具體而言，這裡……」或許對方就能理解接受。

其次，信賴關係的深淺之所以和強力詞彙的活用有關，原因在於如果是信賴自己的對象，對方勢必心想：「措辭如此嗆辣，應該另有用意，不如先聽他把話說完吧。」因此不會立即反駁，比較願意豎耳傾聽。反之，要是信賴關係不深，強力詞彙帶來的衝擊，將大於詞彙原本的含意，比較容易引發對方的反彈。

由上述兩點看來，可以斷言唯有情況符合「具有補充說明的機會」或「信賴關係深厚」，才適合考慮活用強力詞彙。

◎泉先生應該採用的措辭

接著來瞧瞧泉先生的例子。

泉先生於洽談時提到忽略既存問題的探討，往往會「招來不切實際又奇怪的決策風險」，結果遭KSJ公司深津經理逼問：「何謂不切實際？何謂奇怪？」由於洽談時間只有五分鐘，難有補充說明的機會，而且深津經理和泉先生素未謀面，信賴關係十分淺薄，因此深津經理才會對泉先生的說詞產生極大反彈。

要是泉先生的說法能具體一些。例如「與第一線的問題和實際狀況背道而馳」等，深津經理應能針對泉先生的本意，做出正面積極的反應。

◎使用過多「強力詞彙」，將失去對方的信賴

如上所述，使用「強力詞彙」時，不妨想想有無補充說明的機會和信賴關係，並且考慮

改採具體的說法。雖然刺激性的措辭能輕易引人注意，不過要是過度使用，將失去對方的信賴，最後將變成如「放羊的孩子」一般。

克服強力詞彙的誘惑，洞悉適合運用的時機，同時徹底思考正確且具體的措辭，正可謂獲得信賴的第一步。

POINT

瞬間吸引對方注意的「強力詞彙」，務必換成具體的說法。

SCENE 06

深入表達——

「光說理由，對方無法理解嗎？」

多虧阿部前輩出手相救，泉先生總算切入主題。
針對深津經理的尖銳提問，他能否順利回答呢？

（繼續與深津經理開會）

「總而言之，你想索取問題一覽表，對吧？」

「是的，畢竟就算導入了新系統，要是既存問題沒有解決，依然會出問題。」

「你的理由我明白了。問題一覽表也包含門市人員的困擾，沒錯吧？」

「啊！是的，那個……我希望這個部分的問題也能一併列入思考。」

「你究竟打算如何解決什麼問題，有什麼具體的想法嗎？」

「那個……」

「例如『系統運作速度太慢，老是讓客人久候』。對於秉持『自己代表PARA』的心態在賣場服務的門市人員而言，雖然問題出在系統，不過讓眼前重要的顧客久候，壞了顧客原本的好心情，一樣令他們十分懊惱。」

「就是啊，門市人員都十分認真努力。為求慎重起見，我順便確認一下，如果現在沒有提出問題一覽表，短期內會有什麼影響？」

「除了已經向淺野執董說明過的部分之外，今後針對是否導入『YON-YON』的探討作業進度，恐怕將有所延誤，因為所得資訊不足……」

「此話怎講？」

「啊！是的，那個……」

「無論是這類構想對策，還是新系統的探討決議，都需要整理一下既存問題。這時，因為要等候即將提供的問題點，於是暫停作業，結果卻導致進度延誤，像這樣的例子並不少見。」

「這麼說也對，過去只看過公司找人修理現有的系統。」

「是啊，如此一來，感到困擾的人，將是被指派負責探討『YON-YON』是否導入的深津經理您自己。只要現在先把問題點彙整起來，想必日後的負擔就不會太重。」

（會議前——前往KSJ公司途中的對話）

「另外，有件事或許有點難度，那就是別想單憑理由，強迫對方配合。」

「但是依照邏輯表達十分重要吧？而所謂的邏輯，不就是理由嗎？」

「『依照邏輯表達』和『向對方表達』，其實截然不同喔。如果光說理由，對方往往無動於衷。採用的說法，務必令對方覺得是『自己的事』。為了讓他人動起來，把故事說得極為生動逼真、具體實在，可是相當重要。你是文學院畢業的，應該多少有些概念吧？」

「我的確畢業於文學院，不過並不擅長這方面的技巧。我比較拿手的是申論題，至於『請說出主角感受』之類的小說考題，成績往往慘不忍睹。」

「原來如此……沒關係，你就試一次看看吧。」

「依照邏輯表達」
和「向對方表達」，
其實截然不同。
KSJ

1

抽象·具體

為邏輯添加故事性

◎人們無法單憑邏輯就付諸行動

明明說明的內容十分正確，也沒有邏輯上的缺欠，而且刻意採用淺顯易懂的說法，對方卻依然冒出一句：「聽不大懂。」如果各位曾有過這樣的經驗，原因可能出在所說的話過於抽象。

要是聽者的腦海中無法浮現確切實在的影像，將因為「不能具體想像」而表示：「聽不大懂。」請大家回想一下向政府機關提出資料的場景。填寫用的表單一旁，往往放著一張「填寫範例」，而不是「填寫規定」。多虧了這張填寫範例，我們才能立即了解該如何填寫。

人們要理解談話的內容，並付諸行動，具體的概念不可或缺。

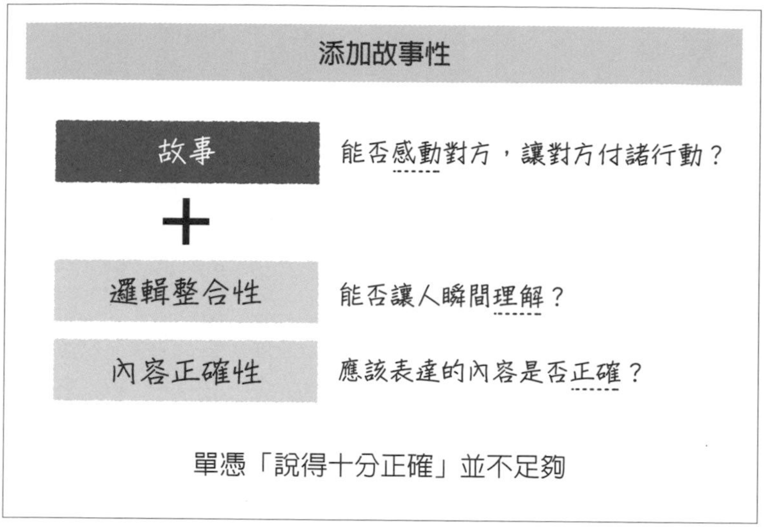
添加故事性
故事
能否感動對方，讓對方付諸行動？
邏輯整合性
能否讓人瞬間理解？
內容正確性
應該表達的內容是否正確？
單憑「說得十分正確」並不足夠

所謂讓對方容易有所概念的說法，究竟重點為何？

那就是**除了必備條件的正確性和邏輯整合性之外，還要附加感人肺腑且具體生動的故事。**

我舉一個自己的親身經驗為例，當時我正與一位以難搞著稱的客戶開會。

只要以正確的邏輯進行表達，必能打動任何對象。當時對這套「邏輯萬能論」深信不疑的我，帶著邏輯上毫無缺欠的「零瑕疵資料」出席會議，依照邏輯架構展開說明。

然而，客戶卻一再表示：「完全聽不懂。」結果，原本預定討論的議題，沒有一項做出決議，這場會議變成了「挫敗會議」。結果如此悽慘，實在令我無法接受，其他前輩顧問見狀，立刻給我一個建議：

「雖然你說得十分正確，不過故事性完全不夠。」

於是，再次與同一位業務承辦人開會時，我聽從前輩的建議，凝望著客戶的眼睛，侃侃道出目前狀況、實際損害及無數相關人員充滿痛苦的心聲。結果，當我說出同於前次的結論時，對方根本沒看資料一眼，便做出最後的裁示：

「我明白了，那就採用第二個方案吧。」

原來打動客戶的必要條件，並非無懈可擊的邏輯，而是生動的故事。

◎對泉先生而言，不可或缺的是「超實際的理由（故事）」

泉先生的狀況也和我一樣。他告知對方：「就算導入了新系統，要是既存問題沒有解決，依然會出問題。」雖然言之有理，但不過是抽象的一般論調，所以曾經擔任店長的現場主義者深津經理，無法就此心生共鳴。

當場察覺端倪的阿部前輩立即根據門市經常遇到的具體問題「系統運作速度太慢」，娓娓說起故事，藉此讓深津經理想起門市人員苦惱的臉龐，以及客人焦躁不耐的表情，進而同意提供問題一覽表。

◎最後的推手是情感的力量

如果期望對方付諸行動，不妨說個令眼前對象心生共鳴的故事吧。雖然內容的正確性和明快的邏輯推論，也是透過對話讓對方動起來的必要條件，不過光靠這些條件還不夠。以清楚表達概念的故事，激盪對方情感的說法，才是最後的推手。

POINT

期望對方付諸行動時，務必分享具體的概念，激盪對方的情感。

2

當成自己的事

置換「主詞．觀點」，陳述過去的實例

◎過去的實例充其量不過是「他人之事」？

明明根據過去的實例進行說明，對方卻沒什麼共鳴；無論說明幾次，對方依然無法理解，毫無反應。

之所以如此，**原因就在於對對方而言，過去的實例純屬「他人之事」**。為了使對方深入理解洽談的內容，讓對方透過想像力體會其他實例的「自己之事」化極為重要。

話雖如此，單憑聽者的想像力，恐怕有所極限。因此，發言者也需要採用得以激發想像力的說法。

能在短時間內讓對方理解，進而付諸行動的外商顧問，通常都採用什麼樣的技巧呢？

方法有二，就是「置換主詞」及「切換觀點」。

「自己之事」化的技巧

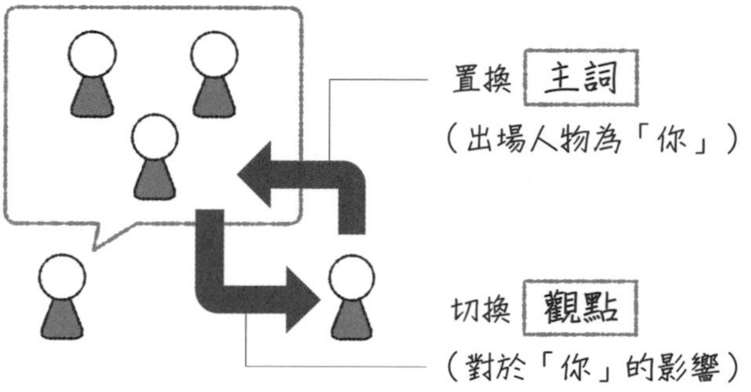

讓對方成為當事人，加強真實感

首先藉由**「置換主詞」，讓對方成爲話題的出場人物**。

例如：「鬼怪襲擊村落，不僅掠奪糧食和金銀財寶，連村民的性命都不放過。」相較於這種第三人稱的說法，不如改成第二人稱如下：「鬼怪襲擊村落，不僅掠奪你的糧食和金銀財寶，連你心愛的家人性命都不放過。」如此一來，更能引起對方強烈的共鳴。

其次為**透過「切換觀點」，讓對方將觀點轉移到「對自身的影響」**上。

例如：「鄰村實施的驅鬼對策，對你而言也十分重要。因為等鬼怪把鄰村掠奪殆盡後，接著就輪到你的村落遭殃。」只要採用這種說法，想必鄰村的村民也會變得戰戰兢兢吧。

只要像這樣刺激想像力，對方將比較容易進行「自己之事」化。

◎讓深津經理心生共鳴的說法為何？

接著再回頭瞧瞧與KSJ公司深津經理的洽談情形。

要是沒有取得既存問題就投入實例調查，泉先生告知風險如下：「正式開始探討是否導入『YON-YON』之時，進度便有所延誤。」

針對這樣的說法，深津經理一時無法理解。

於是阿部前輩立即補充：「只要既存問題沒有整理妥當，相關探討將毫無進度，而作業延誤的責任，勢必落在深津經理身上……」

換句話說，阿部前輩進行了「切換觀點」。對於身為主管的深津經理而言，屬於自身職責範圍的延誤正是她的「痛處」，因此最後認同了提供既存問題的必要性。

◎為實例增添真實感

如上所述，陳述實例時，不妨活用「置換主詞」和「切換觀點」，讓對方抱持深切的真實感豎耳傾聽吧。

只要訴說的故事，伴隨令人感到「心有戚戚焉」的真實感，讓對方把實例轉化成「自己之事」，肯定更容易讓對方理解，洽談效率也將大幅提升。

POINT

活用「置換主詞」和「切換觀點」，讓對方把實例轉化成「自己之事」。

SCENE 07

談後感覺——「事情辦完不能直接走人嗎？」

促使KSJ公司考慮導入「YON-YON」時，必須請他們告知現有顧客系統的問題點，因為COLONY公司得根據這份資料，提報「YON-YON」將如何解決這些問題。

（繼續與深津經理開會）

「如果可以的話，能否請您告知現有顧客管理系統的問題點？」

「我明白你的用意了。現有顧客管理系統最大的問題，就是『針對操作的反應速度過慢』、『數據精準度欠佳』、『畫面不大好用』三點。尤其是『數據精準度欠佳』的問題，真的需要徹底改善一下。我還在當店長的時候，每天都得和門市同仁分工合作，拚命修改顧客資料。由於門市只有一台電腦，我們只能一一輪流修改自己負責的顧客資料。這項作業花了我們好多時間，導致大家經常抱怨公司採用的系統，連如此簡單的確認作業都辦不到嗎？不過，自從我當上經理之後，我明白還有成本問題得一併考慮……」

（趕緊做筆記）

「……但是門市的這群小朋友實在是太可愛了。即使到了現在，我仍會和自己擔任店長時的門市夥伴一起聚餐小酌，上次有個在門市待了三年的夥伴訂婚，我還幫她開趴慶祝呢。連同以前曾在門市工作過的人在內，總共找來二十個人左右齊聚一堂，我甚至拋開主管包袱，盡情狂歡……」

（……阿部前輩，我可以打斷她嗎？）

（萬萬不可，現在得讓她暢所欲言。）

「……大致是這樣的狀況，總之，關於系統方面的細部問題，請和負責承辦的東出先生聯絡，拜託他提出問題一覽表。我也會交代他一聲。哎呀！超過預定的時間了，那就先這樣……」

「謝謝您。（終於說完了……）」

1
傾聽

讓對方暢所欲言

◎關於「顧問絕不閒聊」的誤解

一提到顧問，或許有些人的刻板印象為他們與人溝通之時，往往只依照邏輯議定待決事項，完全不會閒聊。

然而，工作效率極佳的外商顧問卻不這麼認為。因為他們深知，那些只要表明主旨並取得所需資訊，便視為「已處理」的機械式對話，根本無法建立信賴關係。

畢竟對方是帶有感情的活生生之人，就長遠來看，讓對方覺得「和這個人交談十分愉快」，也極為重要。

凡是贏得客戶信賴的外商顧問，往往會營造讓對方暢所欲言的機會，連發牢騷、閒話家常等與工作並無直接關聯之事，對方都能一吐為快。

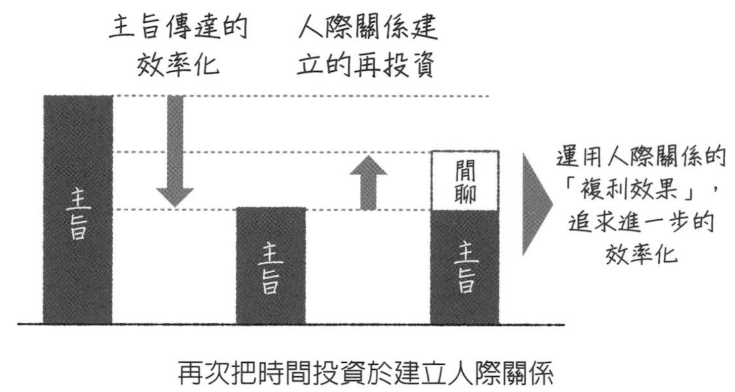

不僅想說卻不能說令人苦不堪言，無論對方要不要發言，只要沒賦予他們發言的機會，都會讓他們覺得非常不合理。

由於這類「無法暢所欲言的壓力」，經常衍生出糟糕透頂的「談後感覺」，因此必須排除。這時可先以極短的時間把事情講完，然後利用剩餘的時間讓對方暢所欲言，藉此累積小小的暢快感。唯有再次投資這些剩餘的時間，才能有效建立長遠的人際關係。

刻意讓時間多剩一些的外商顧問，其實並不少見。

◎聆聽深津經理閒聊無關主題之事的意義

接著再回頭瞧瞧這次與ＫＳＪ公司深津經理的洽談情形。

深津經理表示：「大致而言有三個問題點……」雖然她從攸關主旨的內容談起，不過隨後卻漸漸閒扯到「門市人員甘苦談」、「與門市女性同仁聚餐」等偏離主旨的話題。如果只談主旨，在她提出「三個問題點」的瞬間，原則上已完成洽談。不過，當深津經理聊起與門市夥伴的種種回憶時，阿部前輩阻止了想要打斷深津經理的泉先生。

這是因為深津經理已經承諾將提供問題相關資訊，所以阿部前輩打算活用剩下的時間，建立長遠的關係。

換句話說，當深津經理談到「我明白了，大致而言有三個問題點……」之時，原本的洽談目的已經達成，因此的確沒有必要打斷她的發言。剩下的時間就讓她「暢所欲言」，藉此維繫長遠的關係，這樣的投資為上上之策。

◎營造讓對方暢所欲言的時間

如上所述，即使對方聊起與主旨無關的話題，只要時間允許，不妨讓他們暢所欲言。就算感覺很像無謂的牢騷、苦水或閒聊，就維繫長遠關係的觀點而言，絕對多聽無害。

如果用利息做比喻，其實人際關係就如同利滾利的複利一般。換句話說，一點一滴的累積將成為資金，對於長期性的工作效率，具有重大的影響。只要講求效率地壓縮傳達主旨的時間，然後把爭取到的額外時間，運用於長期性的投資，將能變成具有正面意義的「籠絡高手」。

POINT

活用洽談後剩餘的時間進行「閒聊」，藉此建立信賴關係。

STORY

表達的要訣——「說法必須發揮種種巧思。」

多虧阿部前輩出手相助，泉先生總算熬過與KSJ公司深津經理的洽談，讓她同意提供「問題一覽表」。

（由KSJ公司會議室回COLONY公司途中）

「哎呀！辛苦你了，總算有些收穫，真是太好了。不僅讓深津經理說出她的看法，還能拿到問題一覽表，這次可謂圓滿達成任務呢。」

「是啊……你出手救了我好幾次，真的很謝謝你。深津經理好愛吐槽別人喔……」

「沒辦法，畢竟我們和她約得既突然又緊急，而且顧客管理系統保管的是高度機密資訊，她如此慎重並無不當。此外，KSJ公司過去幾乎沒什麼方案擬定或IT策略規劃之類的經驗吧？想必她很不習慣這些事。」

「和對方溝通，真的需要一些巧思耶。」

「沒錯，不過，只要說法正確就沒問題。」

（COLONY公司內）

「你們回來啦！談得如何？」

「喔，姑且談妥了。」

「不愧是泉先生，太酷了！」

「呵呵（苦笑）。啊！對了對了，我們要求對方以電子郵件提供問題一覽表，稍後得寄封信給一位東出先生。」

「什麼……東出先生嗎……？」

根據君島小姐的說法，KSJ公司的「東出先生」，似乎不容易對付。他究竟是一號什麼樣的人物呢？想要順利地從東出先生手中取得「問題一覽表」，究竟該怎麼做才好呢？

COLUMN
2

「用正中央的小便斗上廁所」？

每逢聽到「說法・表達方式」，我總會想起曾是經營者的家父給我的建議。

當時擔任大學網球社幹部的我有個煩惱。由於我既無網球實力，又缺乏取悅他人的口才，因此社員都把我說的話當耳邊風。我回家抱怨這個狀況後，家父給了我一個建議：「每次都用正中央的小便斗上廁所。」

當下我聽得一頭霧水。不過，這是領導管理員工的家父提供的建議。心想言中必有含意的我，於是從隔天起便開始用正中央的小便斗上廁所，並且持續至今。結果，我練就了「毫不在意他人目光，站在正中央小便斗前方的能力」。換句話說，就是讓人拿我沒轍的能力。想當然耳，之後我在社團中的處境，並沒有任何改變。

之所以如此，全因為我並未思考家父這個建議的原因背景和本意，而只是有樣學樣地模仿動作而已。

家父過去領導管理員工的方法為「中庸之道」，換句話說，就是「針對匯集自眾人的意見，以社長的身分提出看法，最後讓大家往同一方向邁進」。基於此故，秉持容易聽取他人意見的立場，亦即保持中立，可謂十分重要，所以他才會建議：「即使去上廁所，也要刻意站在正中央的小便斗前方。」

上述例子，完全起因於本人的不求甚解。不過，這件事讓我深切感受到單憑說法・表達方式，就能大幅左右對方的動作和造成的結果。

CHAPTER

3

電子郵件術

「什麼？我沒看到那封信啊！」

遲遲沒收到回信，
猛然想起時，才發現已經超過期限……
各位是否有過類似的經驗？
本章就為大家介紹藉由「降低回信的難度」，
讓電子郵件往返更有效率的技巧。

STORY

電子郵件的生產力——

「讓總是嫌麻煩而不做事的業務承辦人確實回信。」

COLONY公司的泉先生準備寄電子郵件給「難搞的傢伙」，也就是KSJ公司的東出先生，拜託他提供現行系統的「問題一覽表」。

「聽說你打算以電子郵件和KSJ公司的東出先生聯絡？」

「是啊，怎麼了？」

「那個人……挺難搞的，你最好小心一點。」

「有這麼嚴重嗎？」

「嗯，就是這麼嚴重。之前我因為某個專案，曾經麻煩過他，私底下，大家都叫他『黑山羊』，因為他從來不看別人寄給他的郵件，完全當作沒收到。對了，特別是需要他回覆的郵件，有去無回的可能性更大。」

「怎麼會這樣……我只是要請他提供資料而已耶……」

「他很自私啦，尤其當對象是其他公司的人，他的態度明顯輕率隨便。我對這傢伙完全沒轍。」

「君島小姐，妳一樣是有話直說耶。」

「因為我明明把事情的背景說明得十分清楚仔細，而且還提醒他：『您必須立刻著手處理這項作業，否則我將十分困擾。』結果他竟然還是無動於衷。」

「我有不祥的預感。」

「沒想到，後來他突然若無其事般地丟下一句：『我沒看到那封信。』、『我沒聽說那件事。』」

「原來如此……妳可以再多告訴我一些有關東出先生的事嗎？」

看來，東出先生這號人物，對於電子郵件的反應極為遲鈍。為了讓他確實讀取郵件，然後提供問題一覽表，究竟該怎麼做才好呢？

SCENE 08

收件者視角——

「原則上都不看電子郵件嗎？」

據說ＫＳＪ公司的東出先生對於電子郵件的反應總是慢半拍，君島小姐繼續向泉先生透露他的相關資訊。

「首先呢……東出先生根本不看電子郵件，就算看了，可能也是視而不見。」

「就是『已讀不回』哦。電子郵件看不出是未讀或已讀，實在讓人有苦難言。」

「如果是已讀不回，那豈不是很糟糕？電子郵件又不像LINE會顯示狀態。」

「嗯……說不定是因為他收到太多郵件，所以來不及全數消化。要是他有使用郵寄名單（mailing list），一天就會收到大約一百封郵件。」

「或許就是這個緣故。我猜想他只會仔細閱讀吸引他注意的郵件。」

「真希望他能仔細閱讀全部的郵件……」

「絕不仔細閱讀郵件，正是東出先生的作風。之前那個專案的成員告訴我，主旨得絞盡腦汁思考才行，而且內文也必須精簡扼要，另外附件資料他肯定不看……我從來沒有為了寫電子郵件，耗費這麼多工夫。」

「真的嗎？」

「總而言之，他對於電子郵件的反應超級遲鈍，因此，除非把回信的難度降到最低，否則收不到他的回信。此外，務必做好沒收到回信也能持續作業的準備，不然工作進度將會停滯不前喔。」

「這次的工作，期限相當緊迫，這樣的工作態度，真令人困擾耶！」

「就是啊，所以我在之前那個專案中學到的『東出先生對策』，就傾囊相授給你囉。」

1

主旨

避免「未讀不回」

◎讓對方讀取郵件的要訣，就是秉持收件者的視角

各位是否曾經為了沒收到對方的回信，而傷透腦筋？

舉凡根據回信內容才能決定今後作業方針、沒收到送審過關的通知就無法繼續工作等，這類狀況想必不算少見。

不過，**電子郵件屬於寄出和讀取的時間點並不一致的「非同步溝通」**。由於回信的時間點受對方掌控，因此電子郵件往返的密度，也只能由對方做主。

然而，要是對方刻意「視而不見」則另當別論。寄送電子郵件時，可藉由寄件者的巧思，降低對方「視而不見」的風險。

避免電子郵件慘遭對方略過的祕訣，就是站在「收件者的視角」。

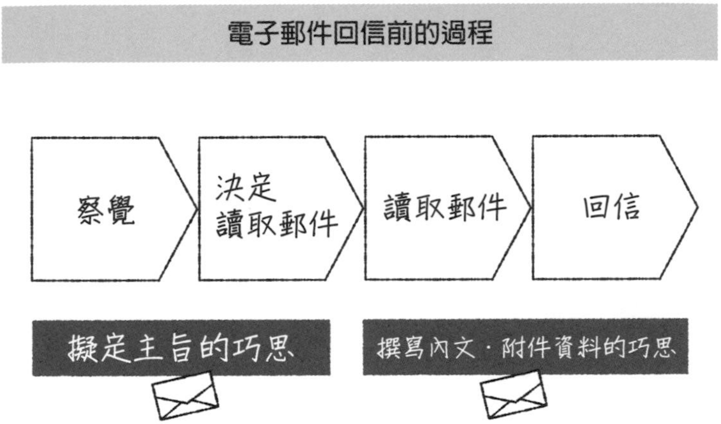

採用淺顯易懂的主旨，避免收件者「視而不見」

為了能站在收件者的視角，必須時反思對方如何閱覽自己的郵件，換句話說，就是得徹底落實「自我審閱」。

假設有位高自己兩個層級的忙碌主管，大家不妨想像一下他的電子郵件信箱。

收件匣中有數百封新郵件，郵件一覽表只顯示主旨的開頭幾個字，能夠細讀郵件的時間，每封頂多十秒。在這樣的狀態下，要是收到主旨為「討論事宜」的不明事由郵件，或是內文為「二十多行長篇大論」的郵件，請問大家有何感想？

淹沒在其他郵件之中而「沒有察覺」；單憑主旨無法判斷事由和重要性，以至於「因為搞不清楚，所以沒看郵件」；一開啟郵件，只見冗長的內容，心想「似乎很麻煩，稍後再看」，於是讓郵件已讀不回；就算看完全部內容，卻覺得「懶得回信」。

由此可見，只要在「察覺」、「決定讀取郵件」、「讀取郵件」、「回信」的任何一個階段感到麻煩，對方便會略過電子郵件。

◎對方難以視而不見的主旨擬定原則

當中尤其重要的是足以影響「察覺」、「決定讀取郵件」的主旨。

為了讓對方於看到主旨的瞬間，便認定「這件事和自己有關」、「可以馬上回信」，不妨把**希望對方進行的動作和事由**，直接整合於主旨當中吧。

在此列舉優劣範例如下：

×**不良範例**……關於〇〇部經費超支一事

〇**優良範例**……【請回答Y／N】〇〇部經費超支一事呈請批示（八月份）

從中不難看出，優良範例明確到單憑主旨，就能約略想像內文。除此之外。「敝姓山本」等只寫出姓氏的主旨，根本搞不清楚內容為何；光寫「急件」的主旨，由於難以想像內容及緊急度，因此也應該避免。

◎先思考「簡言之？」，再據此擬定主旨

如上所述，寄送電子郵件時，不妨先揣測對方的狀況，然後擬定令對方覺得「和自己有關」的主旨吧。

無論是洽談，還是電子郵件，「自己之事」化（請參照第一百零六頁）的重要性無分軒輊。務必透過一看就知道事由的主旨，避免對方認為「開啟郵件十分麻煩」，進而對自己寄出的郵件視而不見。

POINT

擬定得以瞬間掌握事由的「主旨」。

2

內文

讓對方十秒看完

◎重視「首頁」

對方看過自己卯足全力撰寫的冗長電子郵件後，卻冒出一句：「這封郵件所云為何？」然後要求自己口頭說明……各位是否有過類似的經驗？

由於電子郵件也是溝通的手段之一，因此撰寫的內容，務必力求一針見血、淺顯易懂。以簡短的內文，深入淺出地表達多重資訊的做法，本人稱為**「高效傳達」**，舉凡多餘的開場白、沒完沒了的長篇大論等，都會讓傳達效率變差。

即使詢問圍繞在我四周的優秀顧問，大部分的意見也是：**「其他公司寄來的電子郵件也就算了，如果是公司內部的郵件，根本不需要開場白，我只想知道主旨爲何。」**

那麼，所謂傳達效率極佳的電子郵件，內文應該怎麼寫呢？

重視「首頁」

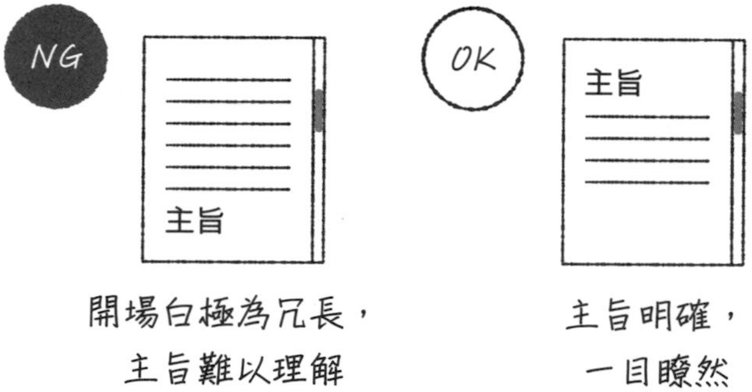

依照「結論→根據→結論」的順序撰寫

關鍵就在於**「首頁」**。所謂「首頁」，就是進入網站或開啟應用程式時，率先映入眼簾的「乍見」部分。如果乍見充滿廣告的頁面、不知所云的頁面、想知道的內容不清楚寫在哪裡的頁面等，肯定很想點選「回上一頁」吧。

電子郵件的內文也是同樣的道理。要是無法讓收件者乍看就明白主旨為何，對方將感覺麻煩而不禁「放棄」。

換句話說，**無法讓人一看首頁就懂的電子郵件，對方絕不可能滑動頁面，繼續瀏覽下去**。越是沒時間處理郵件的大忙人，這種傾向越明顯。

基於此故，**問候語之類的開場白，不妨壓縮於三句之內，同時採用「結論→根據→結論」的架構，於郵件的一開**

頭，先闡明事由。範例如下：

×不良範例

關於前幾天討論的〇〇一事，想再請教您一個問題。
提問的原因，第一是……，第二是……，第三是……。
換句話說，我方針對△△有所疑義，是否得變更方針？

〇優良範例

關於前幾天討論的〇〇一事，我方針對△△有所疑義，想和您討論一下是否需要變更方針。

提問的原因，第一是……，第二是……，第三是……。
煩請根據上述說明，判斷是否有必要再次討論執行方針。

想必大家不難理解，只是改變郵件內文的順序，同時微調遣詞用字的優良範例，較能清楚表達個中概要。除此之外，舉凡採用條列式寫法列舉事項、每寫一句就換行等，如果能在外觀上多下點工夫，效果更佳。

◎直接於「首頁」傳達主旨

如上所述，撰寫電子郵件的內文時，大家不妨把「結論↓根據↓結論」的順序牢記在心。話說回來，其實對方根本不想細讀長篇大論。

各位務必養成習慣，在寄出郵件之前，先確認一下所寫的內文，是否能讓對方單憑「乍見」部分，就明白個中主旨及重要資訊。

POINT

電子郵件的內文，務必依照「結論↓根據↓結論」的順序撰寫。

3

附件資料

別讓對方輕易開啓附件資料

◎電子郵件內文的任務為「附件資料的摘要＋引言」

縱使把重要的說明寫在附件資料中，然後寄出電子郵件，結果還是遭對方怒斥：「你的郵件根本隻字未提這件事！」

之所以如此，**全是因爲寄件者誤以爲：「對方將一併讀取電子郵件和附件資料。」**

一旦成為忙碌的主管，單日收到的電子郵件數量多達三位數的人並不少見，每封電子郵件的可處理時間，也會極度壓縮。想要讓這樣的對象連附件資料都開啟確認，應該難上加難吧。

話說回來，要是沒做到即使未開啟附件資料，對方也能理解意圖的程度，寄出的電子郵件，充其量不過是「時間小偷」罷了。既然如此，另有附件資料的電子郵件內文，究竟該怎

「請檢視附件資料」的寫法不夠體貼

NG

請確認
附件資料。

難以立即理解應該檢視哪個部分，
感覺不夠體貼

OK

希望您確認的部分是〇〇。相關細節詳見附件資料第〇頁，請確認以紅字附註的說明。

一看就知道應該檢視哪個部分，
十分貼心

電子郵件內文的任務為「附件資料的摘要＋引言」

麼寫才好呢？

撰寫另有附件資料的電子郵件內文時，務必體認**「電子郵件內文的任務爲『附件資料的摘要+引言』」**。

一般而言，電子郵件的收件者都希望以最短的時間，理解、判斷、回覆郵件陳述的事由。基於此故，另有附件資料的電子郵件內文，必須符合以下兩大條件之一：「無須開啟附件資料，也能理解、判斷、回覆郵件陳述的事由」，或是「附件資料的必看部分相當明確」。

正因為如此，**郵件內文應該清楚附註「附件資料的內容摘要」或「資料中的必看部分」**。

接著來瞧瞧郵件內文的任務為附件

資料引言的範例：

×不良範例

已根據您的意見修改資料，請確認附件資料。

○優良範例

已根據您的意見修改資料，請確認。

細部寫法之外的主要修正部分為附件資料的第十二頁第五～六行。

如果採用不良範例的寫法，對方必須把資料從頭到尾看一遍，似乎得花不少時間；相對於此，優良範例明確寫出必看部分，因此應該不用花太多時間，就能完成確認。

針對收件者的「體貼」，一旦像這樣表露無遺，對方肯定連附件資料都一併細讀。

◎勿忘透過內文引導對方檢視附件資料

如上所述，寄送另有附件資料的電子郵件時，為了單憑郵件內文就能表達意圖，不妨寫出附件資料的摘要和確認部分。忙碌的對象絕不可能把附件資料從頭看到尾。只靠內文直言表述，必要之時才要求對方確認附件資料，這樣的電子郵件，可謂秉持收件者視角的貼心郵件。

POINT

電子郵件另有附件資料時，務必貼心寫出「附件資料摘要＋引言」。

4

回信

回信速度將隨事由的寫法而異

◎讓對方以單一字母回信

不知對方何時才會回信時，為了提高生產力，減少郵件的「往返次數」為一大準則。畢竟往返次數越多，等待回信的情形就越多，到聯繫告一段落為止，得花不少時間。

當我還年輕的時候，前輩曾給我一個建議：「務必發一封電子郵件就把事情辦妥！」不過，千萬不能以減少郵件往返次數為目的。在面臨對方首次回應這種極為重要的局面時，**爲了減少郵件往返次數，而把種種事由全寫進一封電子郵件當中，這樣的做法完全錯誤**。畢竟如此一來，不光是自己得花時間撰寫郵件，連對方要回信給自己，也得耗費不少時間。

如果希望對方立即回信，與其設法減少郵件往返次數，更該多費點心思，寫出讓收件者

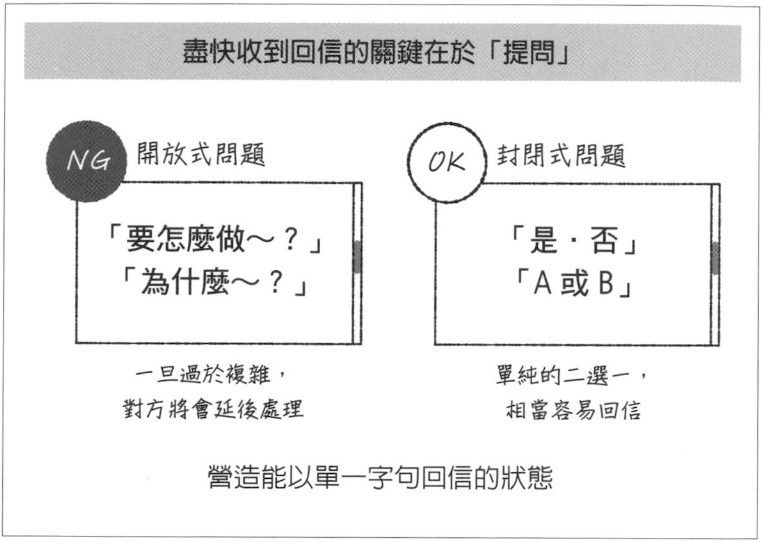
盡快收到回信的關鍵在於「提問」
NG
開放式問題
「要怎麼做～？」
「為什麼～？」
一旦過於複雜，
對方將會延後處理
OK
封閉式問題
「是・否」
「A或B」
單純的二選一，
相當容易回信
營造能以單一字句回信的狀態

容易回信的內容。那麼具體而言，應該怎麼做才好呢？

重點就是讓對方可以用「單一字句」回信。

電子郵件內文中的提問，務必採用封閉式問題（closed question）。**所謂「封閉式問題」，就是能以「是・否」回答的問題**，反之則稱為開放式問題（open question）。只要採用封閉式問題，說得極端一些，回信時寫出Y或N的單一字母就行了。

這個方法有下列各種變化句型得以運用：

- **「能不能請您先回信告知，依照這個方向著手進行是否妥當？」**

需要進行略為複雜的說明時，如果寫

出這樣一句，對方只需判斷是否妥當即可，因此回信變得容易許多。

● **「前幾天談到的○○，我的理解是□□，這樣正確嗎？」**

確認彼此的認知或理解是否一致時，如果寫出這樣一句，對方只需確認正確與否，因此回信變得容易許多。

● **「A○○、B□□、C△△三者當中，哪個比較好呢？」**

和對方商討進行方式時，如果提出具體的選項，對方只需三選一，因此回信變得容易許多。這個句型可謂封閉式問題的變化版。

如上所述，只要活用封閉式問題，對方回信時，將變得容易許多。

不過，並非把所有的問題，都轉換成封閉式問題就行了，必須事先深入考慮，濃縮選項。

打個比方來說，外出午餐時，如果把「午餐想吃什麼？」的問法，改成「義式和中式，要吃哪一種？」，恐怕對方會說：「不對啦，除了義式和中式，應該還有其他選擇性吧？」

然而，如果先說明選擇性受限的狀況。例如「午餐時段即將結束，只剩義式和中式可選」，這時就算採用封閉式問題，想必對方也能接受。

由此可見，要讓對方用單一字句回信，寄件者必須事先深入考慮。

◎讓對方動起來的關鍵，就是降低難度

如上所述，**以電子郵件傳達急事時，不妨盡可能深入考慮，然後活用封閉式問題，降低回信的難度**。如果情況並不緊急，減少電子郵件的往返次數，對於郵件的效率化，效果十分顯著。

反之，要是事態緊急，則回答快速才有價值。各位務必配合狀況，多費點心思在事由的寫法上。

POINT

急需對方回信時，就以「是．否」的二擇一是非題提問。

5

苦等時間

預設即使對方沒有回信，也能展開作業的機制

◎各位是否因為卡在「苦等回信的狀態」而傷透腦筋？

如前文所述，電子郵件屬於寄信．回信之間存在時間落差的非同步溝通。**無法於預定期限內收到對方回信的「苦等狀態」風險**，往往揮之不去。

為了避免這類風險，想必不少人會把回信的期限刻意提前，或是一再發出提醒函。

不過，要讓這類風險歸零的難度相當高。

除了設法迴避這些風險，風險的實體化，亦即減少果真未於期限內收到回信的影響，也同樣重要。

凡是工作效率一流的外商顧問，都會採取什麼手段呢？

即使沒收到回信，也能展開作業的方法為何？

只告知期限	期限＋自動反應機制
請於 10 日（一） 中午前回信。	請於 10 日（一） 中午前回信。 如果未收到回信， 將○○□□。
未收到回信之前， 無法展開作業	即使未收到回信， 也能展開作業

寫出「期限＋自動反應機制」

最建議的方法，即為**寫出「自動反應機制」，絕不讓期限過去就算了**。所謂「自動反應機制」，就是預設即使對方沒有回信，也能自動運作的狀態。

具體而言，**即在郵件中寫出「如果未於期限內回信，將就此進行」**的內容。只要加上這一句，因苦等對方回信而導致工作停滯的風險，將不會造成太大影響。

打個比方來說，如果拜託對方審閱資料，可以附註一句：「三天內未回覆審閱結果，將視同提出資料送審過關。」要是向對方申請資料，則可加上一句：「未於明天二十二日中午之前提供的話，將根據目前掌握到的僅有資訊進行判斷，請見諒。」

◎泉先生的電子郵件應該附加的一句話

泉先生寄給ＫＳＪ公司東出先生的電子郵件，應該怎麼寫才好呢？

寄信給東出先生的目的為「提供問題一覽表」。基於此故，針對自動反應機制，最好能附註如下：「本公司將認定既存問題只有深津經理提出的『數據精準度、反應速度、畫面操作』三點，然後著手進行調查。」

◎設定得以展開作業的機制，先下手為強

如上所述，當對方極可能拖延回信時，不妨事先設定「限期自動反應機制」，先下手為強吧。

藉此將能避免因一再陷入「苦等狀態」，而導致工作延誤。

不過，有些狀況或對象，並不適用這個招數。

例如，申請批准一億日圓規模的預算，或是拜託對方審閱提交董事的重要簡報時，要是附註一句「如果沒收到您的回信，即視同您已批准」，未免做得有些過頭。

終究而言，自動反應機制通常只用來對付微乎其微的進度阻礙因素，這點請各位務必有

此認知。

POINT

加一句：「如果未於期限內回信，將就此進行。」

SCENE 09

與對方保持均勢——
「寄送電子郵件時，別仰賴郵件本身？」

東出先生對電子郵件的回信總是慢半拍，於是君島小姐將因應對策傳授給泉先生。當泉先生正打算寄出煞費心血完成的電子郵件時……

「……嗯，我覺得你寫的電子郵件已經很適合寄給東出先生了。」

「謝謝妳。雖然只是一封電子郵件，不過一旦花心思去寫，也著實累人。那我就寄出郵件……」

「喂！且慢！」

「哇！阿部前輩！你別突然冒出來啦！」

「我一向神出鬼沒啊。別說這些了，你那封電子郵件最好再多下點工夫。」

「莫非你聽到我們的對話？」

「我的惡魔之耳就是順風耳啊！」

「那麼該下哪些工夫比較好？」

「君島小姐刻意裝聾的功力真是一流……很簡單啊，就是別仰賴郵件本身。」

「寄送電子郵件時，別仰賴郵件本身？我有點不明白。」

「所謂電子郵件，只是以名為電子郵件的工具，進行對話的往返，對吧？一旦如此思考，應該不難認清該下些什麼工夫，才能盡快收到對方回信吧？」

「真是繞口令！」

「答錯了！燒肉點數扣五點。」

「什麼？我已經集到十點，可以讓你請吃燒肉的說……究竟要怎麼做才好？」

「必須注意『人與人之間的對話』。無論是收件者，還是電子郵件以外的溝通管道，甚至是對話的開頭和結尾，都應該這麼做。我來解說一下吧。」

1

收件者
和副本清單

以具備強制力的電子郵件，加快對方的反應速度

◎把相關人員加入副本清單中，讓對方覺得「那個人會看到這封郵件」

由於遲遲未收到電子郵件回函，因此再次寄出郵件提醒，結果對方依然毫無反應。之所以如此，多半因為電子郵件的特質為難有強制力，往往「寄出後便任憑對方處理」。

凡是被對方判定為「優先程度偏低，稍後處理」的電子郵件，就算再次寄出提醒函，最後只會讓對方覺得：「怎麼又是這件事。」

相對於此，擅長透過效率一流的溝通，讓工作進展神速的外商顧問，則是巧妙地活用收件者和副本清單，使電子郵件具備強制力，提高電子郵件的反應率。具體而言，他們都是怎麼做的呢？

讓電子郵件具備強制力的重點，就是令對方覺得「那個人會看到這封郵件」。

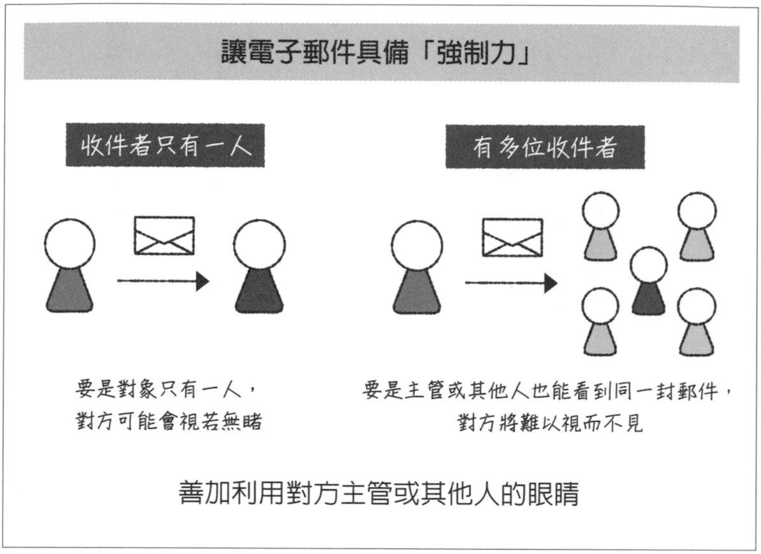
讓電子郵件具備「強制力」
收件者只有一人
有多位收件者
要是對象只有一人，
對方可能會視若無睹
要是主管或其他人也能看到同一封郵件，
對方將難以視而不見
善加利用對方主管或其他人的眼睛

最具代表性的做法，**即為把對方的主管，加入提醒函的副本清單中。**

透過這種做法，得以暗示對方「負責考核你的人也會看到這封郵件」、「關於你未如期回信的事實，你的主管也一清二楚」，進而讓電子郵件具備強制力。

如此一來，針對因「嫌麻煩」而延後處理電子郵件的人，將能降低他們忽略提醒函的風險。

萬一把主管加入副本清單中，效果依然不彰，這時不妨把主管加入收件者清單中、郵件內文的收件者加上主管姓名，或是於郵件內文加上一句：「煩請○○先生（主管）也協助確認一下狀況，不勝感激。」如此將能進一步提高強制力。

不過，「訴諸主管」的做法，暗藏「不相信對方」的含意。換句話說，**對方極可能認爲這是「害他丟臉的舉動」，因此務必小心執行，適可而止。**

◎針對東出先生的強制力落實方式

接著就來思考看看泉先生的狀況吧。

由於對方正是以「懶得回信」聞名的KSJ公司東出先生，因此最好頭一封郵件便明確寫出：「此事已取得深津經理的認可。」同時把東出先生的主管深津經理也加入副本清單中，藉此落實強制力。

假設原定期限已十分迫近，卻還沒收到東出先生的回信，這時不妨把深津經理加入收件者清單中，然後寄出提醒函。萬一東出先生依然毫無反應，則直接於郵件內文加上一句：「煩請深津經理也協助確認一下狀況。」

◎把收件者和副本清單當作「證人名單」來活用

如上所述，寄送提醒函時，不妨思考一下如何落實強制力。既然是提醒，因此並非再次重申事由，而是把收件者和副本清單當作「證人名單」來活用，然後利用組織的均勢，使提醒函成為順利執行工作的推手。

要讓他人動起來，並不能單靠「語言文字」。

POINT

把對方的主管加入副本清單中，促使對方回信。

2

提醒

凡是緊急電子郵件，就讓「聯繫管道多元化」

◎慘遭「略過」的電子郵件，應該如何提醒對方？

主管指示：「用電子郵件通知對方這件事。」這時你會怎麼做呢？打算寄出電子郵件的人，想必不在少數吧。

然而，這裡有個陷阱。

要是一味地執著於俗稱「電子郵件」的聯絡手段，原本的目的「傳達」，將陷入無法達成的風險之中。

電子郵件常有慘遭「略過」的風險。即使費心提醒對方，也無法讓這種風險歸零。重要事宜一旦無法傳達，應該影響甚鉅吧。深知溝通巧妙與否為工作執行基幹的外商顧問，每當遇上這種狀況，都會如何因應呢？

提醒對方時，不能單憑電子郵件

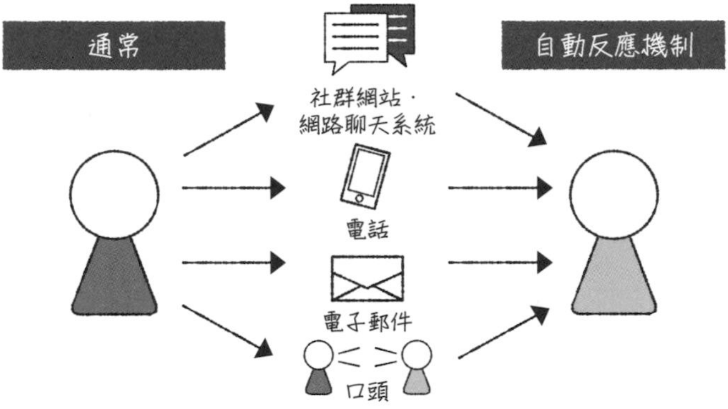

凡是緊急電子郵件，就讓「聯繫管道多元化」

重點就是**「聯繫管道多元化」**。**除了電子郵件之外，同時利用口頭、電話、網路聊天系統等其他手段，和對方取得聯繫，藉此將重要事宜確實地傳達給對方。**

好比說，針對身處同一場域的對象，得以口頭告知：「剛才寄了一封電子郵件給您，請確認。」要是對方和自己相隔兩地，則以網路聊天系統或電話通知郵件寄出一事。

話說回來，其實每個人都有自己偏好的聯繫手段。

有些人雖然不常檢視電子郵件，但在網路聊天系統中，卻經常保持登入狀態；也有些人雖然向來立刻接起電話，不過在網路聊天系統中，卻總是處於離線狀態。

如果要顧及聯繫手段的個人好惡，然後聚焦於達成「傳達」的目的，就不該堅持只用電子郵件聯繫。

以我個人為例，只要遇上對於電子郵件或公司內部網路聊天系統的反應趨於平淡的董事，我通常會以臉書即時通（facebook messenger）聯絡對方：「請查收於○○點○○分寄出的郵件。」畢竟這種做法總能讓對方的回應快上許多（我之所以學會這招，是因為以前某位董事曾以即時通向我確認：「看到那封電子郵件了嗎？」）。

針對這種做法，想必有人贊成，也有人反對，不過，大家不妨牢記有些對象並不反對使用公司外部的溝通工具，而且效果絕佳的例子也確實存在。

◎凡是緊急聯絡，就採取「聯繫管道多元化」的攻勢

如上所述，即使以電子郵件提醒，對方也毫無反應之時，可以其他聯繫管道「戳」對方一下，效果相當不錯。

提醒對方時，採用的攻勢並非「聯繫次數」，而是「聯繫管道的種類數」。只要牢記這一點，就能避免對方因聯繫管道的好惡，而對提醒函「視若無睹」的風險。向對方傳達事由

後，務必取得應有的回應。

為了達到這個目的，各位不妨在對方的容許範圍內，試著費點工夫運用各種聯繫管道，把事情傳達給對方吧。

POINT

以「電子郵件＋其他方式」提醒對方。

3

總結

補充說明到進行總結為止

◎電子郵件也要包含「總結」和「後續補充說明」

各位是否曾遭人要求針對過去的電子郵件，報告事情的原委，而被問道：「這件事的後續呢？」

舉凡當面討論或電話等，只要是以電子郵件之外的聯繫管道進行的交流，或是搞不清楚決議始末的人，常會提出這個問題。

應付這類提問，屬於重新整理過往原委的「轉負為零」之舉，實在不該為此大費周章。想必大家都希望於分享過去的資料和記錄後，對方便不再追問。凡是外商顧問，即使像這樣被看到過往郵件的人提問，也會設法避免產生額外的溝通成本。

個中祕訣就是以電子郵件進行「總結」。

需要「後續補充說明」的對象

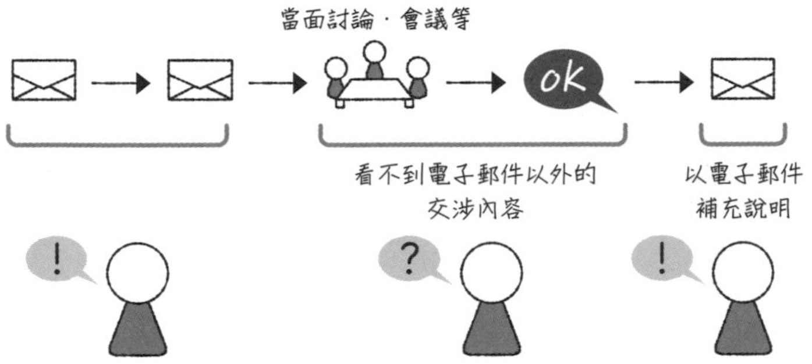

以電子郵件分享及補充說明「來龍去脈」

所謂「總結」，就是讓事情的結論清晰明確。

以電子郵件進行交涉時，十分容易以「開會再議」等語句，另闢協議管道。基於此故，光憑電子郵件往返記錄，難以看出後續的交涉經過。

針對這種狀況的因應對策，就是把得自於其他聯繫管道的結論，反饋於電子郵件中，留下記錄，就此做為總結。

不過，光寫結論還不夠，因為常常還會遭人詢問：「這件事的後續呢？」、「說明一下理由和來龍去脈。」

這時不可或缺的就是**「後續補充說明」**。

所謂「後續補充說明」，**意指以適切的電子郵件，分享（補充說明）其他聯繫管道**

的互動始末。

例如以郵件指示後續的管理辦法：「今後此事由這份課題管理表進行管理。」或是在郵件中記錄事情的來龍去脈：「和○○先生討論的結果，基於下述理由，最後決議○○。」如此一來，就算有人要求：「說明一下理由和來龍去脈。」也能毫不費事地予以應付。

然而，製作後續補充說明用的電子郵件頗花時間。基於此故，極有可能被人要求「說明一下理由和來龍去脈」的案件，務必優先處理。

判斷的重點有二，就是「對方在案件中的立場」，以及「有無電子郵件以外的資訊傳遞方式」。如果對方針對該案具有說明責任，就得確切掌握過去的來龍去脈。

此外，和對方互通資訊的主要方式只有電子郵件時，要是沒以電子郵件進行後續補充說明，對方將搞不清楚事情的始末。

只要符合上述兩種狀況之一，便極有可能被人詢問：「這件事的後續呢？」、「來龍去脈呢？」因此務必落實後續補充說明。

◎別再寄出郵件後就撒手不管

如上所述，針對已經處理完畢，卻經常遭人詢問「這件事的後續如何呢？」的案件，為了在對方要求說明時，自己得以秒回一句「請看這封電子郵件」，不妨先發制人地把後續狀況交代於電子郵件中。

細膩周全的總結和後續補充說明，有助於壓縮無謂的因應成本。

POINT

電子郵件以外的交涉經過，以補充說明的電子郵件進行分享。

STORY

電子郵件術的要訣——

「電子郵件必須時時秉持『對方的視角』。」

多虧了君島小姐和神出鬼沒的阿部前輩，泉先生終於針對「懶得回信」的東出先生，寄出足以對付他的電子郵件。

結果他似乎立刻就回信了。

（電子郵件寄達聲）

「咦？……啊！東出先生回信了！」

「太驚人了！我從沒遇過他一個小時後便回信的狀況呢！」

「全拜君島小姐和阿部前輩提供建議之賜。寄送電子郵件時，秉持『對方的視角』十分重要哦。」

「如何？你要的資料寄來了嗎？」

「寄來了，我收到檔名為『問題一覽表』的檔案。當中……雖然細節部分被刪掉了，不過方向性似乎與深津經理的意見一致。」

「太好了，感覺不錯耶。如此一來，輸入資訊全都備齊了，接下來就能專心製作屬於成果的簡報資料了。」

「沒錯！成果樣稿也準備好了，我立刻著手進行。」

「那個……有件事想跟你商量一下（面露賊笑）。」

「什……什麼事？（有不祥的預感）」

泉先生順利收到對方提供的「問題一覽表」。就在他稍微鬆了一口氣的瞬間，這會兒似乎輪到阿部前輩要對他提出無理要求。

COLUMN

3

電子郵件是落伍的聯繫工具？

或許大家曾聽過一句話：「今後是網路聊天系統的時代，而非電子郵件。」例如 Skype（一種通訊應用軟體）、Slack（一種團隊通訊平台）、Chatwork（一種團隊專案通訊平台）等網路聊天應用軟體，的確已成為廣泛普及的跨企業溝通工具。如果是簡單的聯繫溝通，我個人也會透過網路聊天系統全部搞定。

然而，要是因此斷言「電子郵件是落伍的聯繫工具，所以無需學會電子郵件術」，未免太過輕率。

畢竟就廣義而言，電子郵件術可謂「針對寄信與回信時間軸相異的『非同步溝通』，提高個中生產力的技巧」。無論是公司內部維基系統（Wiki，開放編輯系統）、Redmine（一套結合問題追蹤與專案管理的網頁平台）等開發管理工具，還是透過公用問題管理表等資料的溝通方式，都和電子郵件一樣，屬於「非同步溝通」，因此電子郵件術的技巧也能通用。

前文中阿部前輩曾說：「電子郵件也是一種對話方式。」這句話正說明了「技巧得以通用」。

即使是「電子郵件術」等看似專屬於某種特定工具的技巧，只要放寬視野，仔細思索流通其中的想法，然後嘗試「抽象化」的思考，將會發覺得以廣泛應用之處。如此一來，原本單一的技巧，就能以更高的 CP 值充分活用。

CHAPTER

4

資料製作術

「讓客戶看一次就點頭同意。」

為了應付主管修改資料的指示而吃盡苦頭的人，
想必為數不少吧。
本章將由「綱要確立」、「送審因應」、
「技巧磨練」三點，
介紹提升資料製作生產力的技巧。

STORY

資料製作的生產力——

「讓淺野執董看一次就點頭同意。」

COLONY公司的三人連KSJ公司東出先生提供的『問題一覽表』都順利得手了。

接下來，他們將投入會議資料的製作。

「泉先生，你要做出讓KSJ公司淺野執董看一次就點頭同意的資料喔。」

「你說什麼？」

「我是說你要做出讓KSJ公司淺野執董看一次就點頭同意的資料啦。另外，事先讓深津經理過目審閱時的說明，也請你順便準備一下吧。」

「阿部前輩，此話當真？要在今天之內完成簡報資料，給高高在上的淺野執董過目，我實在沒什麼自信耶……」

（竟然面露賊笑，這個人怎麼這樣，真是的……）

「當真啊，我打算藉這個機會，大幅提高你的視角。當然我也會先幫你檢查一下。如何？你願意接受這個挑戰嗎？」

「我……也只好接受囉。我願意，請讓我試試看！」

「很好！畢竟人生只有做與不做的選擇，對吧？有你這個下定決心接受挑戰的後輩，就沒啥好擔心的了，我也會卯足全力好好訓練你。」

「好的。（這樣應該會往好的方向進展吧……？）」

「關於如何在短時間內完成讓對方看一眼就點頭同意的資料，我將把做法傳授給你。」

「讓對方看一眼就點頭同意」的無理要求。阿部前輩將提供泉先生什麼樣的建議呢？

SCENE 10

資料的綱要——
「應該以紙筆撰寫資料嗎?」

阿部前輩開始針對資料製作提出相關建議，他似乎打算先對著手的重點做出指示。

「那麼……泉先生，我們就開始製作資料吧。」

「麻煩你了！（既然如此，我就奉陪到最後吧！）」

「首先，請你根據成果樣稿擬定草稿……」

「那個……你的意思是先摘要彙整於實例一覽表中的資訊，然後放進預先備妥的投影片表格中，對吧？」

「大致是這樣沒錯。不過，這次有兩個要求。首先，寫在資料表格中的內容，先逐條列出讓我瞧瞧，到時我會先檢查一次。」

「我們做的是簡報資料，卻要逐條列出？」

「沒錯，先不管字數或資料的視覺效果，只要是你認為該寫出來的內容，就請你逐條列出。如果這個階段沒把內容整理得一目瞭然，就算資料製作得再精美，也是沒用的資料。」

「是這樣嗎……好吧，我知道了。」

「麻煩你了。至於第二個要求，就是逐條列出之時，務必以基本架構進行整理，而且要讓對方知道採用的是何種架構。」

「所謂基本架構，是指SWOT（優勢、劣勢、機會、威脅）或QCD（品質、成本、交付）等，經常被提醒『務必牢牢記住』的架構嗎？」

「完全正確。此外，當然得徹底落實自我審閱。重點就是『工作框架』、『自身以外的狀況』、『兩個層級以上的視角』三點，記得嗎？」

「就是這次簡報一開始說明過的部分，對吧？」

「很好，你領悟得很快，真是幫了我一個大忙。那麼咱們就動工吧！」

1

資料的綱要

草稿為「結論＋三個理由」

◎輕鬆避免「全部重做」

明明是做得相當仔細的資料，交給主管審閱後，卻被要求全部重做。即便是編排或設計出色的資料，一旦內容需要修正，為了追求美觀而耗費的時間，多半變成白費力氣。

向來被人要求於有限的時間內，提出高品質成果的外商顧問，往往在著力於編排和細節之前，便先擬定資料的綱要，並且送審，藉此避免「回頭修正（重做）風險」。具體而言，究竟該怎麼做才好呢？

為了避免回頭修正的風險，提早讓對方審閱極為重要。具體來說，**就是以「結論＋三個理由」的格式，逐條列出資料的綱要後，隨即請對方過目審閱。**

之所以要列出「三個」理由，是因為這樣的比例最恰到好處。基於人類的心理，如果只

資料草稿採用條列式寫法

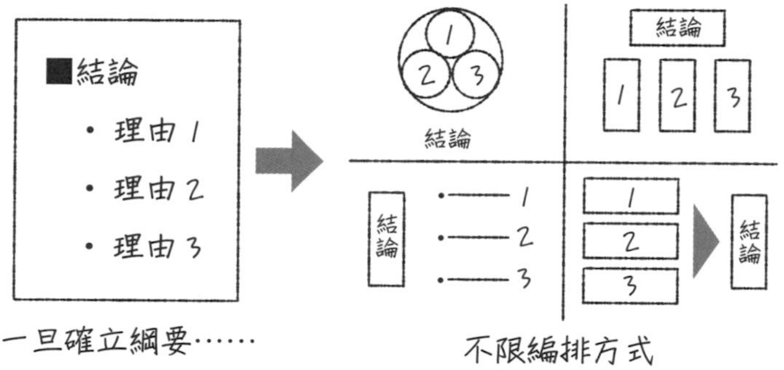

先以條列式寫法確立綱要

列兩個理由，總覺得邏輯和根據過少，而四個理由又嫌太多。換句話說，相關人員恐怕會懷疑另有從其他切入點進行整理的方法。

只要在逐條列出之時確認方向性無誤，就能避免「全部重做」的窘況。假設此時被指摘方向性有所偏差，便能在耗費時間投入製作之前修正軌道。其實，這時主管提出的指摘，應該可說更令人樂意接受。

一旦確認資料的綱要並無偏誤，便能陸續添加內容。這道程序，正是預防「全部重做」的關鍵。

此外，如果是簡報資料，則可以「整體的結論和三項根據」、「某張投影片的結論和三項根據」等類似格式，將「結論＋三個條列式理由」應用於任何部分。如此一來，便能做出邏輯架構十分清晰明確，讓人一目瞭然的資料。

◎條列式送審資料的製作方式……以泉先生為例

接下來就以「結論＋三個條列式理由」，試著整理泉先生所做的投影片。

●結論：「YON-YON」服務值得KSJ公司認真考慮導入。
●理由1：與主力事業高級服飾業類似的商業模式，有不少成功案例。
●事實1—1：屬於競爭對手的其他高級服飾品牌已經導入。
●事實1—2：主要經營高級品的零售業，有不少成功案例。
●事實1—3：主打奢華路線的旅店業，有不少成功案例。
●理由2：以更新老舊系統為目的而導入的企業，有不少成功案例。（事實省略）
●理由3：與KSJ公司規模雷同的企業，有不少成功案例。（事實省略）

從上述寫法當中，想必不難看出事實匯集為理由，理由匯集為結論的綱要。各位不妨把「結論和理由」寫於摘要投影片中，而「理由和事實」則寫在內文投影片中。

◎落實先確立綱要，再添加內容的步驟

如上所述，以「結論＋三個理由」確立資料的綱要後，不妨此時便向主管或相關人員確認方向性是否有所偏差。只要先徹底確立綱要，再添加內容，資料的品質和製作速度定能雙雙提升。

條列式寫法爲資訊整理的基本祕訣，也是終極武器。為了能巧妙活用這項武器，各位平常製作資料之時，請試著把「結論＋三個理由」牢記在心。

POINT

逐條列出「結論＋三個理由」後，便讓主管確認。

2

內容整理

基本架構之所以基本的理由

◎頂尖外商顧問往往善用「基本架構」

以MECE整理事物的框架結構「架構」，有助於提升思考的品質及工作生產力。由於介紹MECE的商業書籍很多，想必優先學習相關概念的人不在少數。

然而，學會MECE的人，往往熱衷於以獨自思考的切入點，進行MECE整理的「自我架構」思維。雖然獨自思考並無不妥，不過就事實而言，這類架構多半會遭人反嗆：「我不明白為什麼整理成這樣比較好。」實用性不堪一擊。連我周遭的**頂尖顧問，也都是以基本架構和相關的簡單活用，解決大部分的問題**。那麼他們是如何活用基本架構呢？

重點就是**綱要擬定採用基本架構，遣詞用字則活用對方的語言**。

以工作的QCD（Quality：品質、Cost：成本、Delivery：交付）為例，如果就對方而

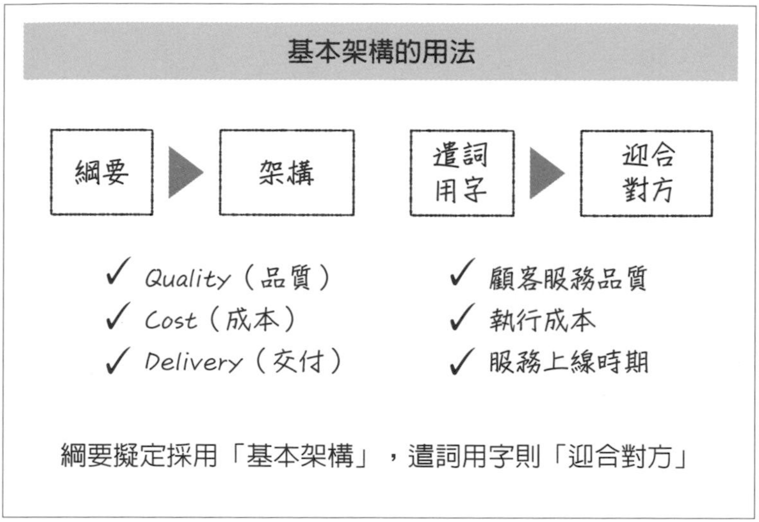

言，顧客滿意度十分重要，不妨針對Q強打「顧客服務品質」；如果對方特別在意初期投資成本，則可刻意突顯C當中的「期初成本」。

只要把基本架構活用於綱要的擬定，對方一看到資料，勢必覺得「歸納的觀點毫無疏漏耶」、「這個部分在闡述這件事吧」，當下立即理解。除此之外，如果再加些迎合對方的語言，雙方的討論肯定進行得更加順暢。

換句話說，**活用對方容易理解的思維（基本架構），以及迎合對方的遣詞用字，都是有助對方理解的捷徑。**

◎以泉先生的實例介紹投影片為例

如果泉先生所做的實例介紹投影片，也是採用一般實例介紹的架構「背景、問題、解決對策、效果．成本」加以整理，對方應該比較容易理解吧。

- 背景——例：零售業的A公司為了提高日本國內的客單價而苦惱不已。
- 問題——例：原因為缺乏適合顧客的商品提案。
- 解決對策——例：導入「YON-YON」服務及附帶的商品推薦功能。
- 效果．成本——例：客單價增加百分之三；系統導入成本五千萬日圓，系統運轉使用成本每年五百萬日圓。

除此之外，由於不難想像身為董事的淺野執董肯定十分擔心投資報酬率，因此不妨調整一下遣詞用字，稍加突顯「效果．成本」吧。

◎把基本架構當作共通語言加以活用

如上所述，只要活用「基本架構＋遣詞用字」的基本之道，大部分的問題都能夠整理．

討論・解決。而且，採用容易成為共通語言的基本架構，雙方的討論往往能順利進行。

大家知道「守破離」嗎？這是學習劍道、茶道等之時，代表階段的用語。

屬於高階活用技巧的「自我架構」思維，等同於守破離的「離」（創造個人新架構並鞏固確立的階段）。在熱衷採用自我架構之前，各位不妨先學習等同於「守」（完全遵守標準做法的階段）的「基本之道」，然後反覆進行等同於「破」（分析並改善・改良的階段）的「活用」，以極佳的效率解決問題。

POINT

徹底活用「基本架構」。

3

自我審閱

「過關資料」的原則

◎如何減少送審及修改的往返次數？

各位是否為了所做的資料反覆送審及修改，而感到疲憊不堪？

職場菜鳥做的資料往往相當於「初稿」。為了提高資料的完成度，也為了取得主管的認可，自我審閱的步驟不可或缺。

不過，要是一再遭到退件，生產力恐怕高不到哪裡去。這時除了減少送審及修改的往返次數之外，根本別無他法。基於此故，提高初稿的品質為關鍵所在。究竟該怎麼做才好呢？

答案就是**於「自我審閱」時，事先揣測主管的審閱觀點**。具體來說，即為留意「與工作框架的整合」及「主管的說明責任」。

首先，所謂**「與工作框架的整合」**，意指針對所做的資料，須從「工作目的及脈絡的

送審過關的自我審閱觀點

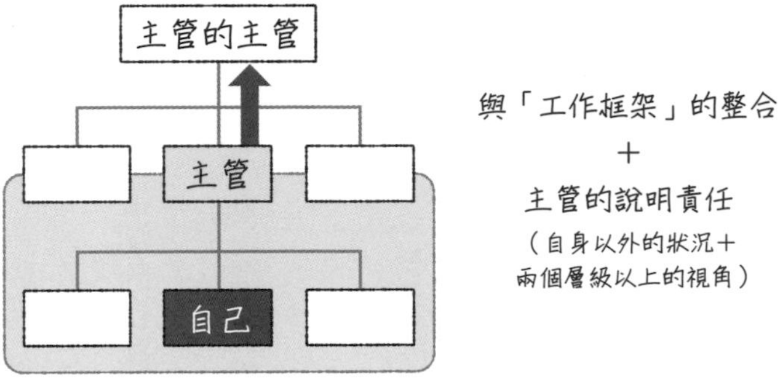

顧及「自身以外的狀況」及「兩個層級以上的視角」

吻合」（ＷＨＹ）、「對方立場的理解」（ＷＨＯ）、「內容的正確性及整合性」（ＷＨＡＴ）、「呈現方式」（ＨＯＷ）等四個視角，進行品質的確認。

至於**「主管的說明責任」**，則是主管得以針對自身職責範圍內的成果，向「主管的主管」進行說明。就部下看來，所謂主管的職責範圍，即為「包含自己在內的團隊全員」。

大家可試著據此整理「自己過去遭到指摘的部分」，接著再檢視「自己以外的成員曾遭主管指摘的部分」，事先揣測確認主管在意的範圍。此外，還要事先推敲聽取主管說明自家團隊工作成果的對象，亦即「主管的主管」，針對主管有何看法。換句話說，就是得預測「兩個層級以上的視角」。

各位務必事先揣測這些觀點，以做出主管得以直接運用的資料為目標。

◎泉先生應該事先揣測的自我審閱觀點

在此就以泉先生的實例調查資料為例，思考看看「自我審閱觀點」。

首先確認工作框架如下：

- WHY——針對「KSJ公司應該考慮導入『YON-YON』嗎？」，是否已確實回答？
- WHO——淺野執董基於立場及目前狀況所擔心的要點，是否已確實掌握？
- WHAT——對於訊息和洞悉結果的認同感，以及結論和實例資訊的邏輯整合性，是否妥當無虞？
- HOW——遣詞用字是否一針見血？版面設計編排是否適用於實例介紹？

至於主管的說明責任，則可以檢視下列兩點：

● 泉先生、大森先生、君島小姐各自負責處理的部分，是否互相矛盾？（自身以外的狀況）

● 阿部前輩將如何向橋本經理和淺野執董說明資料的內容？（兩個層級以上的視角）

◎ 當個勇於冒犯主管的人

如上所述，進行自我審閱時，大家不妨根據「工作框架」及「主管的說明責任」進行檢視。事先揣測主管的審閱重點，等同於剝奪主管功能的「冒犯」之舉。雖然「冒犯」常用於「以下犯上」等負面意涵，不過就立志提升自我或組織而言，卻是不可或缺的成長動能。在顧問公司中，往往以正面意涵加以活用。

各位務必多多事先揣測主管的視角，立志讓自己更上層樓。

POINT

掌握主管的「審閱觀點」，著手製作資料。

SCENE 11

「如何避免做出不符對方需求的資料？」

送審及回頭修正——

泉先生似乎已完成了「結論＋三個理由」、「根據基本架構進行整理」、「自我審閱」的條列式資料，接下來阿部前輩將如何進行審閱呢？

「我完成條列式的資料了！而且也和君島小姐一起檢查過了。」

「不愧是泉先生，動作真快。」

「快別這麼說。（君島小姐跟他說了些什麼啊……）」

「好吧。……原來如此，大致上寫得不錯，不過部分寫法有些不符脈絡耶。泉先生，你有沒有設身處地地想像過，橋本經理和ＫＳＪ公司的淺野執董將如何審閱這份資料？」

「我已把手邊的資訊盡量彙整得十分淺顯易懂……」

「你可不能忘記『對誰而言』淺顯易懂唷。內容和呈現方式，可以當場進行補充，不過，要是寫法不符脈絡，最糟的下場可是得全部重做呢。」

「話雖如此，可是我對於橋本經理和淺野執董，又沒有深入的了解。」

「説歸説，現在可不是偷懶的時候，趕緊去調查清楚。」

「話雖如此……」

「此外，針對深津經理的意見，最好能明確標示出寫在資料的哪個部分。換句話説，刻意強調一下『相關人員牽扯其中』比較妥當。」

「嗯……我不大懂你的意思……」

「一直專注於資料製作的話，或許會有這種感覺。不過，我不是跟你説過，工作應以『目的』和『對象』為要。如果忽略這點，做出『不符脈絡的資料』，根本是白費力氣。」

1

針對指摘的因應

回頭修正具有「先後順序」

◎送審後的指摘未必得全數修改

做好的資料送審後，結果被改成滿江紅，導致自己「身心俱疲」，欲哭無淚。這應該是「職場菜鳥家常便飯之事」的其中一項吧。截至目前為止，我也曾受過種種指摘。例如：「版面編排糟透了」、「整體架構極差」、「內容完全錯誤」、「一看就知道這份資料沒用」、「真的有仔細構思過嗎？」等。

送審後的指摘，大家往往認為得全數修改，其實並非如此。在有限的時間內以絕佳的效率修改資料的外商顧問，針對指摘事項，同樣會安排先後順序，高效修正資料。他們都如何釐清輕重緩急呢？

重點就是把指摘對象分成**「脈絡」**、**「內容」**、**「呈現方式」**三類。

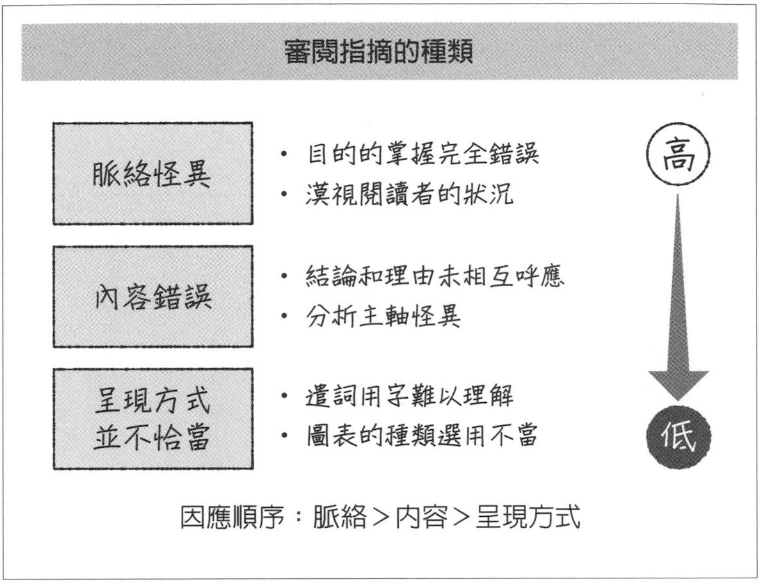

審閱指摘的種類
脈絡怪異
・目的的掌握完全錯誤
・漠視閱讀者的狀況
內容錯誤
・結論和理由未相互呼應
・分析主軸怪異
呈現方式並不恰當
・遣詞用字難以理解
・圖表的種類選用不當
高
低
因應順序：脈絡＞內容＞呈現方式

- **脈絡**——是否精準掌握資料的目的和閱讀者的需求？（WHY／WHO）
- **內容**——資料內文是否正確無誤？（WHAT）
- **呈現方式**——架構和版面編排恰當嗎？（HOW）

三者的先後順序應爲「①脈絡、②內容、③呈現方式」。

打個比方來說，假設要針對想了解智慧型手機用法的人，製作操作步驟的說明資料。

這時，如果資料的內容為說明性能的優點，即屬於「脈絡錯誤」，因此必須優先修正；要是操作步驟的說明有誤，則屬於「內容錯誤」，由於攸關資料品質的基本，因此其次得修正這個部分；至於操作說明的講解方式過於冗長乏味等，針對呈現方式的指摘，只要脈絡和內容無誤，就算情況再糟，也能以口頭補充說明，因此最後處理就行了。

所有指摘一律修改，讓資料連細節都無懈可擊的心態，實在令人欽佩，**不過相對於**「God is in the detail」**（上帝藏在細節裡）的說法，根據**「Done is better than perfect」**（完成更勝完美）的論點，**「Quick and Dirty」**（雖然粗糙，但重視速度）也十分正確**。由此可見，因應狀況針對不同指摘對象進行修改極為重要。

◎並非「優先程度偏低＝無須處理」

因為指摘對象的優先程度偏低，就漠視不管，這點並不正確。

例如，如果是醫療從業人員的規範手冊，一處寫法有誤，就有可能造成致命性的傷害，這麼說一點都不誇張。此外，議定重要決策的董事會資料，有時措辭的好壞，將足以主導大局。雖然只是一份資料，隨對象不同，有時最好連敬語的用法等遣詞用字都要多加留意為宜。

還有一種狀況，就是審閱資料的人特別交代：「依照我指摘的部分進行修改。」這時要是沒有全部修改，恐怕得一而再、再而三地送審。不光是指摘的優先程度，根據資料的目的、特性，以及審閱者個性，工作的進行方式往往有所改變，因此針對指摘的因應範圍，將隨之不同。

◎根據優先程度、目的、工作的進行方式，決定指摘的因應範圍

如上所述，即使送審後被交代：「指摘的部分得全部修改！」還是先從脈絡・內容・呈現方式的觀點，判斷修改的先後順序吧。只要顧及資料的目的和工作的進行方式，釐清應該因應的順序和範圍，將能以絕佳的效率因應送審。

> **POINT**
>
> 針對修改的指示，根據「脈絡」、「內容」、「呈現方式」，判斷先後順序。

2

背景原委

資料的完成度取決於「調查」

◎於期待值的範圍內，徹底了解對方

對方看過資料後反應不佳，即使一再提出說明，對方依然無動於衷，結果，資料完全派不上用場……各位是否有過這類做出「失敗之作」的經驗？

尤其在經驗不足之時，往往全力琢磨資料的內容，根本無暇顧及閱讀資料的對象。

相較於資料的內容，掌握「閱讀者的脈絡」，更能左右閱讀者的反應。

要是客戶無動於衷，根本無法展開工作的外商顧問，總會對閱讀者進行事前調查，藉此思考掌握讓對方動起來的方法。

具體而言，調查的範圍應該擴及到什麼程度呢？

針對資料的閱讀者進行調查時，務必牢記「不要知道太多，也不要知道太少」，這點十

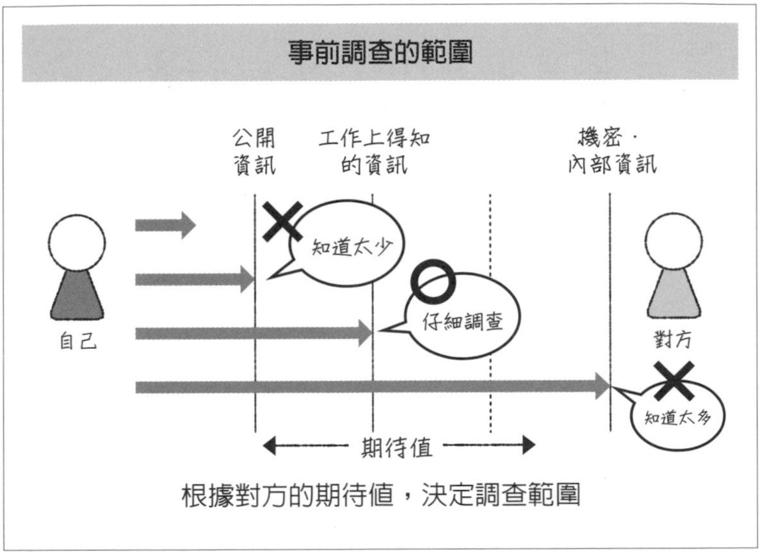

分重要。「不要知道太少」自然不在話下，不過要是「知道太多」，對方往往對自己心生警戒。調查深入的程度，應該在「這個人知道這麼多並不奇怪」的期待值範圍內，徹底了解對方。

打個比方來說，如果是素未謀面的對象，不妨充分掌握對方公司官網或報章・雜誌・網路報導等公開資訊，以及業界共通的「常見問題」或趨勢動態，至於對方公司內部資訊，則不去了解為宜。

此外，要是常駐對方公司執行工作，可以得知內部資訊的話，最好精準掌握對方公司員工都知道的話題。

更進一步來說，要是和對方有深入的交情，有關對方公司內部狀況的詳情細節，就算瞭若指掌，也不算奇怪吧。大家可以像這樣精準掌握自己和對方的關係性，以及對方的期待值，然後釐清調查範圍。

◎泉先生應該著手進行的調查

接著就來思考看看泉先生應該著手進行的調查吧。

對於泉先生所屬的COLONY公司而言，由於KSJ公司為主要客戶，因此只要屬於受託業務的責任範圍，COLONY公司就該設法得知KSJ公司的內部資訊。當然，常駐KSJ公司的人員可能知道的「公司內部常識」，也必須有所掌握。此外，對於KSJ公司的淺野執董來說，COLONY公司的橋本經理才是IT相關話題的商議對象。

換句話說，就淺野執董而言，COLONY公司本來就該知道「公開資訊」、「KSJ公司內部常識」、「委託業務相關的內部資訊」、「IT知識」等。除了「YON-YON」服務的知識外，泉先生理應進行的調查，就是事先向橋本經理打聽KSJ公司內部狀況及淺野執董的處境。例如KSJ公司社長有下令：「設法改善一下變成事業發展絆腳石的顧客管理系統吧。」

◎是否真正理解閱讀者的期待值？

如上所述，製作資料時，為了避免不符脈絡，大家不妨落實事前調查。在不超過對方期待值的範圍內，精準掌握對方遭遇的狀況，藉此將能做出讓對方輕易點頭稱是、展現絕佳反應，進而付諸行動的資料。

POINT！

讓對方展現絕佳反應的關鍵，就在於「調查」。

3
易懂程度

和「相關人員」一起製作資料，而非「獨立」作業

◎把相關人員牽扯進來的三種審查

各位著手製作的資料，是否曾被評為「過度自以為是」？猶如畫家的畫風各不相同，資料的風格自然也會隨製作者而異。然而，要是表現過頭，讓內容或脈絡顯現「自我」，資料品質將有所問題，因此不能放任不管。

所謂「自以為是」的資料，就是只有自己才懂的資料。之所以如此的一大原因，便是獨自製作資料所致。正因為獨立作業，所以即使自以為是，也難有自知之明。為了避免如此，必須**刻意納入他人的觀點**。

在我所屬的顧問公司中，即默默地傳承著防止資料變得「自以為是」的習慣。這個習慣就是**必須通過以下三種審查：**

防止資料變得「自以為是」的方法

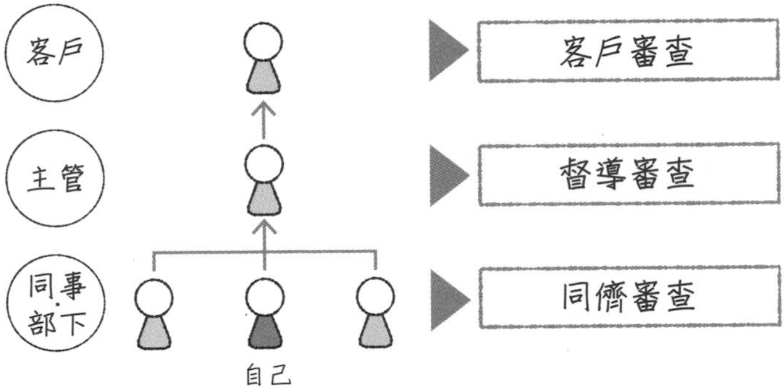

以「三種審查」把相關人員牽扯進來

- **同儕審查**——由自己的同事（前輩）或身為部下的同儕進行審查。
- **督導審查**——由管理自己（督導）的主管進行審查。
- **客戶審查**——由資料提交對象的客戶進行審查。

如果提到資料製作的審查，通常是指基於主管立場進行的品質確認，換句話說，就是督導審查。不過，一旦主管成為提交對象，我們往往以把資料做成「得以交差的狀態」為先，於是獨自埋首作業，導致資料變得「自以為是」的風險增高。針對這個狀況，可在更早的階段，安插讓同事得以輕鬆進行的「同儕審查」。

此外，進行督導審查和客戶審查時，要是表明：「已讓〇〇先生過目審閱。」等同告知對方有相關人員牽扯其中的事實，因此對方一看到這句話，也比較不會覺得資料的內容過於「自以為是」。

◎泉先生避免資料變得「自以為是」的方法

接著就來思考看看泉先生的例子。

泉先生已先請君島小姐做過同儕審查，然後才由阿部前輩進行督導審查。基於此故，他被阿部前輩讚美了一句：「資料做得不錯。」此外，阿部前輩還做出「務必寫出深津經理的意見已納入其中」的指示。於是他依照指示，特別將相關人員牽扯其中的事實，註記於資料當中。

結果，泉先生的資料就此免於變得「自以為是」。

◎切勿獨自製作資料

如上所述，製作資料時，不妨從包含同事或部下在內的複數觀點進行審查。

將從頭到尾獨力完成的資料就此交給對方過目，完全未經審查，雖然十分直接乾脆，不過這類「自以為是」的資料，多半是引發糾紛的原因。為了避免事後得收拾殘局，即使覺得麻煩，也務必於製作資料的階段，便讓相關人員涉入其中。

POINT

切勿獨自製作資料，務必安排「複數審查」。

SCENE 12

琢磨資料的方法——
「如何做出令人心生共鳴的資料？」

經阿部前輩過目審閱後，泉先生把資料改成逐條列出的方式。不過阿部前輩的審查尚未結束。

「我把資料改成逐條列出的方式了。」

「好的。嗯，看起來架構沒什麼問題，接著讓版面編排清晰一些，就能開始添加內容了。首先得琢磨一下遣詞用字。」

「遣詞用字？有這麼重要嗎？」

「正因為十分重要，我才特別提醒你啊。這類具備『決定性』的工作，有時會因為一句話而左右成敗呢。」

「打個比方來說，關於這個實例的成效，你的寫法是『針對獲益性的改善有所貢獻』，雖然精簡洗鍊，不過這究竟是怎麼一回事，根本沒人理解。要是沒有具體寫出到底改善了多少，本該做為參考的實例，到頭來卻讓人無從判斷。」

「除此之外，根據我的觀察，『商業模式同於PARA的事業體有不少導入實例，因此YON-YON導入一事，相當值得KSJ公司積極探討』這段話，對方恐怕未必認同，所以給淺野執董的資料，最好變換一下說法。」

「明白了，我再思考一下。」

「另外，還要下點工夫避免『連環誤會』的發生。萬一有奇怪的資訊散布開來，後續將十分麻煩，不過這個部分可以先不用急著處理。」

「總之就是遣詞用字得下點工夫，別盡求精簡洗鍊，寫法要讓對方心生認同，同時避免連環誤會的發生，對吧？」

「麻煩你了，如果能落實這幾點，就工作效率而言，將大有助益。至於與資料外觀設計相關的『視覺裝飾』，就之後再做處理吧。」

1
遣詞用字

「冠冕堂皇的說法」必須加以變換

◎過於方便好用的說法：「〇〇度」、「〇〇性」、「〇〇型」

「顧客滿意度增加」、「針對獲益性的改善有所貢獻」、「前瞻型創意」。大家是否會用「〇〇度」、「〇〇性」、「〇〇型」之類的說法？雖然這類「精簡洗鍊（悅耳動聽）的說法」十分方便好用，但使用時得分外小心。

畢竟「精簡洗鍊的說法」與「思考停止的文字」，僅僅一紙之隔。要是對方提問：「何謂顧客滿意度？」、「何謂貢獻？」自己卻難以作答，肯定讓人懷疑自己可能未經深思熟慮，便輕易採用這類說法。換句話說，就是使用了「思考停止的文字」。由於「思考停止的文字」往往變成引發誤解或導致過度期待的原因，因此外商顧問總是刻意避免採用。

爲了避免使用思考停止的文字，他們會去思考啓動思維的事物，換句話說，就是讓自己

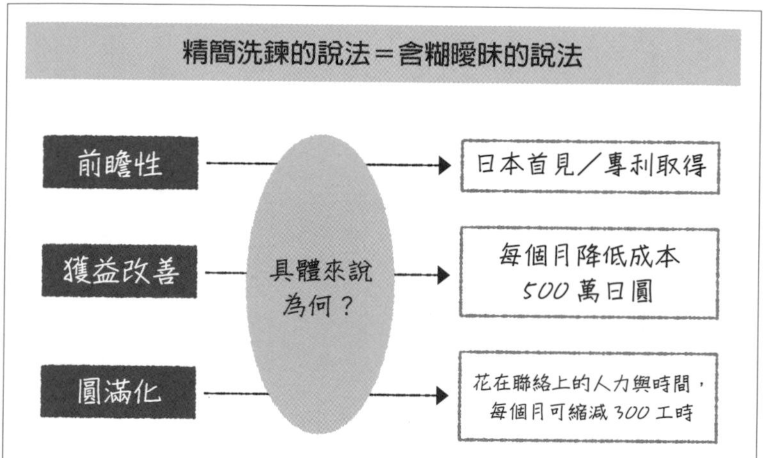

更換說法為：「具體來說為何？」

試想：「具體來說爲何？」

如果要突顯影響的程度，便考慮數字化的做法；如果要突顯採取的動作，則考慮具體說明5W1H。

舉例而言，針對「顧客滿意度改善」，可變換說法為：「顧客問卷調查回答『滿意』的人數占比增加百分之十五。」針對「今後將進一步探討」，則得以變換說法為：「○○先生將於十四日星期三中午前提出草案。」

即使因講求視覺效果或刻意保留空白，而採用「精簡洗鍊的說法」，也要把詳細資訊附註於資料末尾或另一張紙上，也能以口頭補充說明，做好準備以回應對方提問：「具體來說為何？」這點十分重要。

可能有些人會懷疑：「就算沒做到這種程度，對方也能理解吧？」的確沒錯，或許也有能夠理解的人，不過只要無法正確傳達，就無法保證對方的理解正確無誤。**通常外商顧問都能深刻體認確切傳達自身想法，爲十分重要之事，因此他們總是反覆思索：「不能換成其他更具體的說法嗎？」**

◎實例的成效該如何撰寫？

接著就來瞧瞧遭阿部前輩指正的泉先生所舉實例吧。

阿部前輩指出宣稱「針對獲益性的改善有所貢獻」的實例，根本讓人「有看沒有懂」。因為即使號稱獲益性有所改善，其實也有可能只是相當微幅的改善。例如：「將手寫顧客資料輸入系統中的兼職人力減少一名，人事費用每個月縮減五萬日圓」。換句話說，泉先生必須就自己所知的範圍，詳細說明交代。

然而，萬一泉先生無法從值得採信的消息來源，取得比「針對獲益性的改善有所貢獻」更詳細的資訊，針對阿部前輩要求「具體寫出來」的指摘，他就應該提出反駁。畢竟，要是過度追求詳細說明交代而「捏造數據」，根本就是本末倒置。

◎追根究柢地自問一句：「具體來說為何？」

如上所述，每當想要使用「精簡洗鍊的說法」時，不妨追根究柢地自問一句：「具體來說為何？」含糊曖昧的說法，只能進行含糊曖昧的討論、做出含糊曖昧的判斷，最後事情的進展，也隨之含糊曖昧。歷經這一切含糊曖昧的狀況後，等候各位的正是「認知誤差」的超混亂局面。

把資料的措辭表現，換成具體的說法，進行言之有物的討論，將有助於提升工作整體的生產力。

POINT!

針對「○○度」、「○○性」、「○○型」等含糊曖昧的措辭，徹底思考能否更換為具體的說法。

2
編排設計

相較於外商風格，務必更重視認同感

◎「優異的呈現方式」未必正確無誤

精準掌握了閱讀者的狀況和立場，內容也毫無問題，然而，對方依然無法理解……**看似毫無不妥的資料萬一被評爲「難以理解」，不妨懷疑呈現方式（編排設計）不佳吧。**

畢竟只要是看不慣的編排設計，遑論內容好壞與否，閱讀者都難以心生認同。把透過資料和說明讓對方動起來，視為基本動作的外商顧問，總是力求資料淺顯易懂。他們注意的重點究竟為何？

那就是「優異的呈現手法」和「正確無誤」不可相提並論。

以前，我也曾多次遇過財務人員一反常態地主張：「相較於接受度普遍偏高的視覺性圖表，列出詳細數字的數據一覽表，更容易讓人理解。」

「出色的編排設計」取決於對方

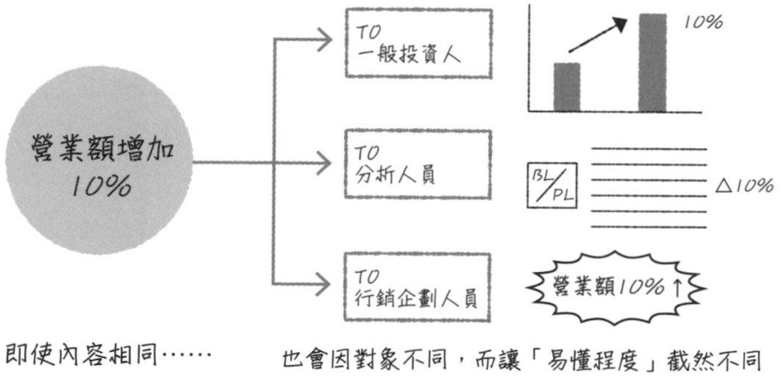

以「閱讀者視角」琢磨內容

以「資料編排設計術」為主題的書籍中，往往寫著「這種內容得這樣呈現」。雖然引用學理本身並無不妥，不過大家千萬別忘了，**「呈現方式是否淺顯易懂」的取決關鍵，並不是內容，而是閱讀者。**

資料的編排設計和呈現方式，必須顧及閱讀者的視角。大家務必藉由事前調查，從下列三點掌握閱讀者習慣的呈現方式：

①承辦業務領域的共通話題、架構、常用說法或編排設計。

②平日業務中時常接觸的表單、報告類用語及編排設計。

③以前曾與對方交談過的人所提供的建議及過往的資料。

換句話說，務必從這些要點中，找出符合資料目的的呈現要素，然後以客製化的方式，讓資料的編排設計，更加適合「閱讀者」。

◎泉先生所做資料的琢磨重點

泉先生所做資料的閱讀者為KSJ公司的淺野執董，他身為捍衛企業的要角，也就是管理部的總負責人。

假設資料洩漏等保全風險為淺野執董最擔心的事，阿部前輩察覺寫法不妥的部分，也就是「『YON-YON』完全符合KSJ公司的商業模式」，便能換成其他更具體的說法。例如：「商業模式雷同的其他公司，為了降低源自顧客資料的保全風險，特別選用了『YON-YON』。」此外，要是再採用讓人聯想保全問題的圖像或插畫，做出強調「捍衛」的編排設計，應能大幅增加對方的認同感。

◎以「閱讀者視角」琢磨資料內容

如上所述，針對資料的編排設計和呈現方式，大家不妨以「閱讀者視角」加以琢磨。**有**

關「資料編排設計術」的書籍，雖然會教授呈現手法，卻不會告知正確做法爲何。迎合閱讀者思考呈現方式，才是提高傳達效果的重要關鍵。

POINT

呈現方式．編排設計的易懂程度，完全取決於「對方」。

3

對資料的用心

避免「連環誤會」

◎預防連環誤會的「資料定位」及「文件管理資訊」

為了在不覺中擴散開來的「錯誤資料」而拚命更正．四處致歉，換句話說就是「收拾爛攤子」……各位是否曾經有過這類悽慘的回憶？

資料一旦在人前公開，便會跨越時間和空間擴散開來。要是「獨自遊走」的資料中，包含錯誤的內容或引人誤會的數據．呈現方式，將會發展成牽扯多人的錯誤溝通，而心生誤會的人和解釋誤會的人，往往浪費彼此許多時間。有時還可能演變成連更正的機會都沒有，只能直接把「錯誤的資料」當成「正式版本」提出的最糟狀況。

為了避免這種狀況發生，究竟該怎麼做才好呢？

重點就是**在資料中註記「資料定位」與「文件管理資訊」，做爲資料使用說明。**

資料必附「使用說明」

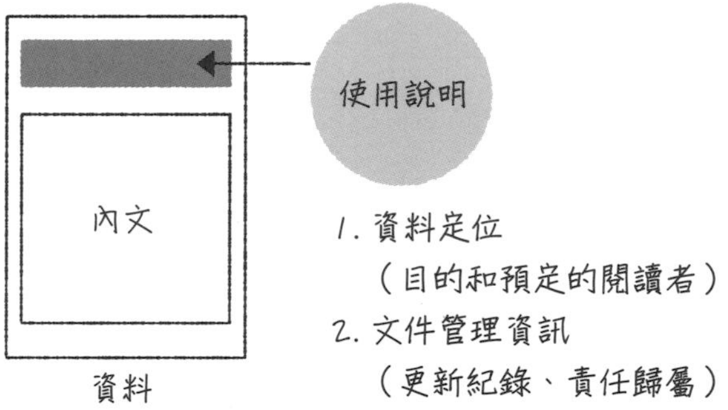

附上「使用說明」，以防資料獨自遊走

有關「資料定位」，必須註明資料的目的和預定的閱讀者。例如：「本資料的目的為針對○○部說明○○活動的背景。」

至於「文件管理資訊」，則須註明資料的更新資訊和權利．責任歸屬。更新資訊包括資料製作日期、最終更新日期、內容的有效期限及最新版的存放處；權利．責任歸屬則包括文責、洽詢單位及著作權資訊等。

透過這些說明，將能降低非預定閱讀者看到時產生誤會的風險、誤信舊資訊的風險、因誤用或責任問題而陷入僵局的風險。

雖然這類資訊與資料的內容無關，不過卻能讓閱讀者理解所做的資料得以信任到什麼程度，就這層意義而言，即能達到保證可信度的效果。

◎泉先生的實例資料中，應該加上去的一句話

接著就來思考看看泉先生的實例介紹資料。

就「資料定位」而言，有關資料的目的，只要註記如下即可：「針對淺野執董提供『YON-YON』導入實例的資訊。」

至於「文件管理資訊」，至少得寫出最終更新日期。畢竟對方將根據實例資訊進行剖析，因此必須明確交代引用的是什麼時候的最新實例。

換句話說，務必避免讓對方憑老舊資訊進行判斷。除此之外，資料的頁尾等處，最好能註明這份資料由COLONY公司製作。

◎資料的「後續狀況」也要多加留意

如上所述，為了避免資料因為「獨自遊走」而導致誤會．混亂．收拾爛攤子，大家不妨於完成資料前，附註「資料定位」和「文件管理資訊」，做為資料使用說明。

資料並非完成就算結束。只要稍微下點工夫，就能避免資料提交後，發生得一再更正的風險。資料的「後續狀況」也要多加留意，正是全面避免徒勞無功的重點。

POINT

為了保證資料的可信度，務必花點心思註記「資料定位」和「文件管理資訊」。

STORY

資料製作術的要訣——
「射出『精準一擊』。」

依照阿部前輩的建議，泉先生終於完成資料。接下來，將等待橋本經理過目審閱。

「很好，感覺越來越不錯了。如何？很快就把資料準備好了吧？」

「的確，才花不到一天的時間，就把資料準備好了……」

「我就跟你說可以快上三倍啊。接著將給橋本經理過目審閱……」

「阿部先生，辛苦了，還好嗎？」

「我可是滿懷活力與夢想呢。我們正好提到您。」

「咦？這次將由泉先生負責簡報嗎？」

「我覺得差不多可以讓他進一步試試看了，當然我有先幫他檢查過。」

「請……請多多指教。那麼，我開始說明資料內容了。」

「……原來如此。有些小地方還得修改一下，不過大致來說，應該沒什麼問題。」

「謝謝指教。（太棒了！）」

「謝謝指教。需要修改的部分，是由您帶回去處理嗎？」

「是啊，沒時間再審閱一次了。對了，還有一件事。」

「什麼事？」

「你們能在這麼短的時間內，把資料準備到這種程度，真是幫了我一個大忙。感覺你們就像射出了『精準一擊』，真的很謝謝你們。」

「這全要歸功於泉先生、君島小姐、大森先生三人的努力啦。」

「說的也是，那麼就三人各送燒肉十點吧。」

「謝謝您！（原來燒肉點數是橋本經理想出的點子啊……）」

與KSJ公司的會議即將開始！

COLONY公司的成員，能否與KSJ公司順利進行會談？

COLUMN

4

於「思考之前」進行思考

來撰寫資料吧！先整理一下思維吧！

雖然嘗試使用了腦力激盪圖（mind map）或矩陣等「思維整理工具」，不過卻反覆寫寫刪刪，完全無法整合思維。各位是否曾經因此而傷透腦筋？

之所以如此，全是因為思維整理工具的運用時機錯誤。

「思維整理」有以下兩個階段：

①思考進行整理的切入點；

②沿著切入點整理思維。

思維整理工具只能做為「②沿著切入點整理思維」的輔助，無法告訴我們①的答案。然而，思維整理的品質和速度，卻有八成是取決於「①思考進行整理的切入點」。畢竟，對於具有回答義務的提問，只要能定義出清楚勾勒概念的「切入點」，答案的品質多半得以確保。

過度相信「思維整理工具」，不斷地將思維套用於思維整理工具中，並稱這個動作為「思考」，充其量不過是「聰明反被聰明誤」。

凡是思考的品質和速度皆遠遠勝過他人的人，在展開具體的整理之前，通常會先思考「應該從哪個切入點著手整理」。大家不妨仔細思考「思考前應該思考的事」，藉此提高思考的生產力。

CHAPTER

5

會議運作術

「這次的會議，就由你主持進行吧。」

屬於工作進行「癥結關鍵」的會議成敗，
往往對於進度影響甚大。
本章將從「設計和準備」、
「當日的運作」、「會議後的應對」等觀點，
介紹讓會議邁向成功的技巧。

STORY

會議的生產力——

「可以代我主持會議嗎？」

COLONY公司的三人終於完成與KSJ公司淺野執董開會用的資料。會議當天，阿部前輩接到來自橋本經理的電話，看樣子，她又要提出無理要求了……

「嗯——！一鼓作氣完成工作的隔天，感覺真棒。」

「沒錯！昨天很早就能下班了。」

「經理和淺野執董是約今天傍晚碰面吧。」

「是啊，結果真令人期待。」

（電話鈴聲）

「什麼？橋本經理……？喂……」

「阿部先生嗎？今天和KSJ公司淺野執董的會議，你可以參加嗎？我臨時有其他行程，只能用電話參與會議。我希望你代我主持這場會議。剛才，我已致電淺野執董告知此事。對了，他說他也找了深津經理和東出先生一起開會。關於會議地點和時間，剛才已轉寄開會通知的電子郵件給你，知道嗎？那麼就麻煩你囉！」

「那個……橋本經理？……掛斷了，真是個大忙人。」

「……如上所述，滿懷活力與夢想，拚了！」

「這次輪到阿部前輩得接下橋本經理的無理要求（面露賊笑）。」

「你竟敢挖苦我。不過，要是錯過這次機會，得等上三週才能見到淺野執董，我會想盡辦法讓他心服口服地點頭同意。」

「就是你常掛在嘴邊的『高旋踢』（比喻從高層下手）哦。有什麼我能幫忙的事情嗎？」

「我想一下……那就請君島小姐協助會議準備和運作吧。」

「君島小姐，妳要加油喔——（面露賊笑）」

「……阿部前輩，我可以賞泉先生一個高旋踢嗎？」

這次輪到阿部前輩被迫接下橋本經理的無理要求，他將如何執行會議主持人的任務呢？

SCENE 13

會議規劃和準備——

「務必於會議前就開始撰寫會議記錄喔。」

阿部前輩受託主持與KSJ公司進行的會議。他隨即展開相關準備，並且傳授兩個會議的事前準備重點給君島小姐。

「那麼，接下來要拜託君島小姐兩件事。為了不讓深津經理和東出先生對這次的會議感到驚訝，請事先通知他們兩位。」

「驚……驚訝？」

「沒錯，因為他們肯定是突然被叫去開會的。我希望在進入主題前，先降低有人在會議中抗議『根本聽不懂，給我説明清楚！』的風險。」

「我明白了，我會先通知他們。」

「唉，其實就會議的目的和成本來思考，深津經理和東出先生根本沒有列席的必要，不過既然淺野執董已經找了他們，我們也不方便多說什麼。」

「開會也會產生成本嗎？」

「會啊。赴約途中，我再跟妳說明相關細節吧。其次，通知對方之後，我希望妳隨即開始撰寫會議記錄。」

「什麼？會議前就得撰寫會議記錄？這怎麼可能嘛！」

「妳也這麼認為哦？其實只要會議的規劃或準備都十分周全妥當，會議前就能寫出八成的會議記錄。關於這點，待會兒也跟妳說明一下吧。」

1

會議規劃

於「會議前」撰寫會議記錄

◎於「會議前」撰寫會議記錄的方法

擋在職場菜鳥前方的難關之一，就是製作會議記錄。

製作會議記錄時，必須同時聆聽發言內容、理解個中意圖、掌握工作全貌，然後整理·摘要討論事項、使用商業術語撰寫成文。說不難，是絕不可能的事。

本人還是社會新鮮人的時候，曾耗費五小時製作一小時的會議記錄。然而現在的我，有時在會議前就完成了八成的會議記錄。

快速撰寫會議記錄的祕訣，就在於事前的會議規劃。

所謂會議規劃，就是**在會議開始之前，便擬好通常會寫在會議記錄中的「決議事項」**、**「今後因應措施」**、**「討論內容」**。

於會議前撰寫會議記錄

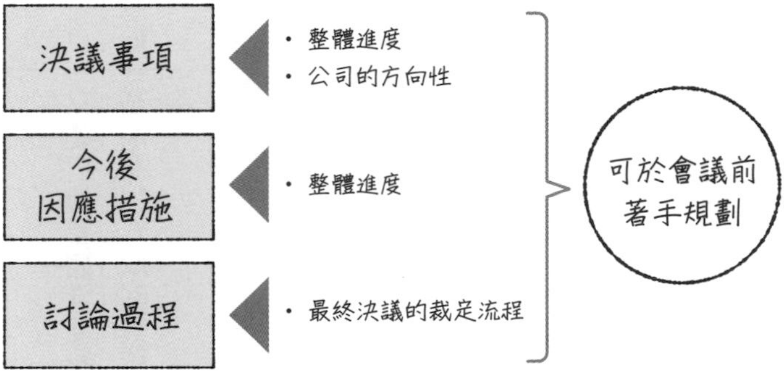

只要充分規劃會議，便能撰寫會議記錄

基於此故，必須先從工作的整體進度，推導出會議的議題。

由於會議的目的，在於適時適切地做出決議，因此可以從工作的整體進度，倒推各個會議的議題。

接著則要推導出與議題相關的「決議事項」及「今後因應措施」。

關於決議事項，只要從經營層面理解對方公司的處境，便能充分掌握方向性。畢竟工作本身為公司整體的動向之一，因此當前的決議，也應該與公司的方針一致。此外，今後因應措施的情形亦然，想必從工作的整體進度，就能洞悉接下來該做些什麼。至於討論內容，也就是討論的過程，則是要事先規劃預估最終決議的裁定流程。換句話說，只要先整理論點。例如「為了決定A，必須釐清B・C・D」等，然後洞悉各個論點敲定的方向性和討論的順序就行了。

由此可見，**只要根據整體進度擬定議題，同時掌握最終決議的裁定流程及全公司的方向性，便得以於會議前寫出八成的會議記錄**。

◎與淺野執董開會的會議記錄該怎麼寫？

接著就來思考看看阿部前輩他們將與KSJ公司淺野執董進行的會議。

就淺野執董而言，這次的會議內容，想必為「『YON-YON』相關資訊蒐集↓判斷是否有考慮正式導入的必要性↓（如有必要）討論最初階段的活動舉辦」。

對淺野執董來說，開會的目的，也就是會議的議題，只是蒐集資訊，因此這場會議應該「沒有」決議事項。此外，關於今後因應措施，結論應該也是「回去再評估」。至於討論的過程則為問答的摘要，如果是針對事前調查資訊的提問，應能寫成「（提問）↓說明所附資料的內容」，而其他提問則可寫成「（提問）↓調查後再回覆」。

◎將會議記錄運用於會議規劃中

如上所述，只要訂出會議的目的，並做好會議的規劃，便能在會議前完成八成的會議記錄。反之，無法於會議前寫出會議記錄的會議，則可能某些準備．調查堪稱不足。

如果能以自問「能不能在會議前撰寫會議記錄？」的逆向思維著手規劃會議，而不是把開會的結果寫在會議記錄中，應該相當不錯。

POINT

於會議前著手規劃「決議事項」、「今後因應措施」、「討論內容」。

2

事前準備

消除驚訝感

◎會議前不可或缺的前置動作

「為什麼我收到了會議通知？」

「舉辦這場會議的原因究竟為何？」

與會者亂發牢騷、無法切入會議的主題……像這樣會議才剛剛開始，大家就步調不一的原因，完全在於「人為」的準備不足。

如果把會議比喻成戲劇，應該不難理解。為了讓舞台上的表演順暢無阻，至少得讓觀眾知道主題或劇本（議題和討論的流程）、演員（與會者）及角色分配（期待的任務分配），並且準備大小道具（資料和攜帶物品）。

反觀引發爭執的會議，大多是找來只被通知劇名（議題）的人，然後出其不意地告訴他

避免讓對方感到驚訝

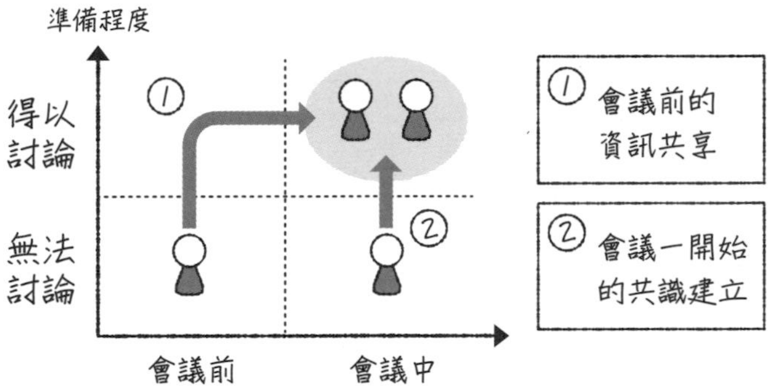

營造得以充分討論的狀態

們：「請表演（自由討論）吧！」如此發生爭執也是意料中之事。

於開會之前便消除會議開始後才被告知的**「驚訝感」，像這樣的事前準備，正是降低爭執發生風險的重要關鍵**。善於規劃安排的外商顧問都是怎麼做的呢？

降低會議爭執發生風險的重點，就是「會議前的資訊共享」，以及「會議一開始的共識建立」。

所謂「會議前的資訊共享」，意指與會者彼此共享會議議題、資料、各自期待的任務分配及攜帶物品等四種資訊。這些資訊最好於召開會議之際就完全備妥，要是有所困難，至少得告知對方會議議題和各自期待的任務分配。

其次，**所謂「會議一開始的共識建立」，意指在會議的開端，便互相協調前述四種資訊**。由於必須當場建立共識，因此難度略高。

即使做好這些準備動作，有時依然存在唱反調的與會者。

針對這種狀況的因應對策，可以事先聲明一句：「對於本次會議的目的和定位等如果有所意見，將於會後一一請教。」換句話說，就是讓大家在會議中只專注於議題的討論，然後再進行事後關切，藉此避免爭執的發生。

◎如何避免讓深津經理和東出先生感到驚訝

那麼與淺野執董的會議，情況又是如何呢？

在此針對突然接到開會通知的KSJ公司人員，歸納一下他們的「驚訝重點」。

假設淺野執董告知深津經理和東出先生：「COLONY公司要來談『YON-YON』一事，你們也一起開會。」對他們兩人而言，驚訝重點在於「究竟基於何故要我一起開會？」（任務分配不明）。

由於這次距離開會已沒剩多少時間，因此能做的動作，只有事先以電子郵件將會議的議題告知兩人。此外，要求他們兩位一起開會為淺野執董個人的主意，因此盡可能於會議一開始的共識建立階段，便請淺野執董說明找他們一起開會的用意和期待的任務分配，或許較為妥當。

◎針對與會者的準備，務必細心周到

如上所述，進行會議準備時，不妨以填補與會者之間的資訊落差為前置動作。一旦提到有關與會者的準備作業，往往只想到開會時間的調整，不過讓與會者得以在相同基礎上進行討論，才是會議的根本。

大家務必多費點心思於事前的資訊共享等，藉此避免爭執發生的風險。

POINT!

讓與會者於事前共享會議議題．資料．各自的任務分配．攜帶物品。

3

成本效益比

共同掌握會議成本

◎計算會議花費的成本

眾多與會者中，實際發言的人只有三位。這樣的會議，是不是讓人覺得十分浪費？之所以如此，全因為**「預防萬一」症候群作祟**。為了讓大家的資訊統一，毫無遺漏，凡是與議題相關的「可能」對象，全都找來開會。這種病到底該如何醫治呢？

能幹的外商顧問往往藉由計算會議的人事費開銷，讓輔導對象深刻體認「人的時間＝成本」。

畢竟，**會議之所以浪費的根本原因，就在於「針對人的時間缺乏成本觀念」**。為了使輔導對象明確保有這個觀念，外商顧問總是讓成本一清二楚。

計算方式為先以與會者的預估月薪（公司外部人員則為一個月左右的支付費用）算出

會議花費的人事費計算

人的時間費用 × 時間 × 人數

（・公司內部：月薪（薪資）
・公司外部：人月費用）

（・會議時間
・準備時間）

（・與會者
・協助準備者）

讓費用一清二楚，提升會議CP值

時薪，然後把每位與會者的時間與時薪相乘，最後總計金額。

一看到成本，我們總會自然而然地聯想ＣＰ值，並且意圖刪除ＣＰ值較低的部分。結果，顯得浪費的會議往往令人耿耿於懷，遭到取消的機會因而隨之增加。想當然耳，如果能預估實際的總金額，也能以「人日」、「人時」等工時為基準，將會議成本數據化。

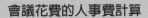

◎與淺野執董開會的成本

接著來試算看看本次和淺野執董開會，ＫＳＪ公司將花費多少人事費。預估每位與會者的月薪及人月費用，計算開會一小時的結果，這場會議的人事費將為六萬六千五百日圓。

〈KSJ公司部分〉

●淺野執董……月薪一百萬日圓≒時薪六千三百日圓

●深津經理……月薪七十萬日圓≒時薪四千四百日圓

●東出先生……月薪四十萬日圓≒時薪兩千五百日圓

〈COLONY公司部分〉

●橋本經理……人月費用三百五十萬日圓≒時薪兩萬八千兩百日圓

●阿部前輩……人月費用兩百五十萬日圓≒時薪一萬五千七百日圓

●君島小姐……人月費用一百五十萬日圓≒時薪九千四百日圓

此外，如果再加上花在「移動時間」的成本，金額將更加龐大。金額一旦變大，我們往往會積極思考「可以設法壓縮（刪減）金額嗎」、「時間得更短」、「人數得更少」。

◎針對人的時間抱持成本觀念

如上所述，如果基於「預防萬一」的心態，而想要找人一起開會，不妨根據人事費試算看看會議的成本。只要把原本忽視的會議成本以數據清楚列出，將能強化成本觀念，讓精簡具體的會議增加，而工作整體的效率，想必也能隨之提升。

POINT

只要保有「會議成本」的觀念，將能提高會議效率。

SCENE 14

會議運作——「何謂挫敗會議？」

和KSJ公司淺野執董的會議即將展開。

阿部前輩能夠帥氣十足地使出「高旋踢」的招式嗎？

「大家好，我是COLONY公司的阿部，橋本經理已在電話線上。」

「你好，要談『YON-YON』對吧。我對IT比較外行，要是有聽不懂的地方就麻煩了，所以把深津經理和現行系統負責人東出先生也找來開會。那麼就開始吧。」

「好的，那就由我為各位說明『YON-YON』的導入實例和本公司的見解。」

……（實例及分析說明）……

「相關實例介紹如上，如果有任何疑問，請不吝賜教。」

「嗯……我想再請教一下這個實例的細節。」

「我們有準備詳細資料。君島小姐，請播放投影片。」

「好的。（原來阿部前輩要我開啟資料檔，做好準備，就是為了這一刻……）」

……（實例詳細說明）……

「……根據上述實例加以思考的話，我方認為『YON-YON』十分值得貴公司認真考慮是否導入。」

「嗯，看起來似乎不錯耶。深津經理的看法如何？」

「坦白說，既有的老舊顧客管理系統是個累贅，不僅令門市相當困擾，而且耗費不少成本。如果要進行汰換，原則上來說我舉雙手贊成。」

「原來如此，顧客管理系統的確問題不少哦。」

（說法似乎有些含糊……）

「由於這次只用一點時間迅速調查，想必很難做出什麼決定，不如先討論一下最後定案的期限、內容及如何判斷等進行的方式吧。」

「說的也是，這樣或許比較好喔。」

1

模擬問答

預測並解析對方提問

◎隨與會者層級而異的對方疑問準備深度

於會議中做完簡報，然後接受主管或客戶提問時，腦中竟然一片空白。各位是否有過類似的經驗？之所以如此，原因在於模擬問答和手邊資料，也就是**對方可能提問的答案及議題相關資料，準備不夠充分所致**。

如果將會議準備的範圍擴及「對方疑問」，而不是只有「發表」時不可或缺的「資料製作」及「簡報練習」，便會出現上述觀點。

然而，預測各種提問的模擬問答和手邊資料的準備極為困難。究竟要準備到什麼程度，才符合實際需要？

關於究竟得準備多少，可根據與會者的層級（職稱）加以判斷。

對方疑問的準備絕不有所懈怠

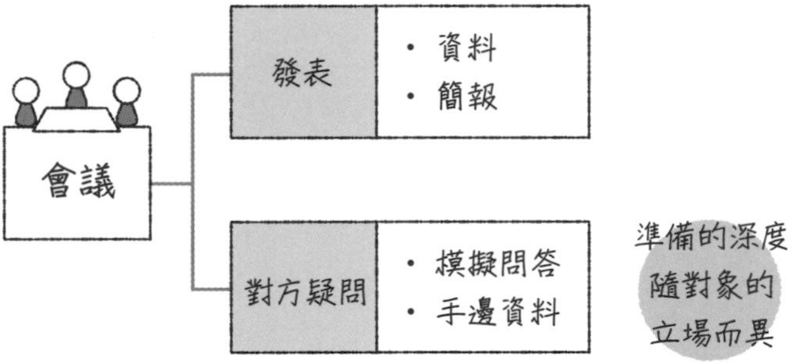

以對方疑問的準備品質，強化會議的效果

打個比方來說，以前有一位十分照顧我的**頂尖顧問立下規定，只要對象爲董事層級，便得獨自窩在房裡進行問答練習**。畢竟時間寶貴的董事往往不看資料內容，而是仔細觀察：「這傢伙是否充分思考到得以立即應答的程度？」相對於此，如果對象是實務執行人員層級，他們的提問則多半是針對發表資料詢問：「為什麼？」

換句話說，疑問的廣度和深度，將像這樣隨著與會者的層級而截然不同。在此舉例如下：

●**實務執行人員層級**

以詢問作業該如何進行的具體方法（HOW）居多。

●**經理．課長層級**

除了什麼作業得在何時以前完成（WHAT、WHEN）之外，多半還會詢問得以向頂頭上司的董事層級進行說明的邏輯。例如對營業額的影響或投資報酬率等。

●**董事層級**

除了投資報酬率之外，想必還會詢問與其他事業相比的先後順序、得以超越競爭對手的原因、人力．物力．金錢的經營資源分配及籌措方法、CSR（企業社會責任）等涉及廣泛的觀點。

此外，不只是職位，對方的提問內容也會隨著他們的思維模式．行為模式而異。針對這個部分，不妨向經驗比自己豐富的主管或前輩請益，事先做好調查為宜。

◎向淺野執董說明實例的會議

這次與淺野執董的會議，情況又是如何呢？

基於議題的關係，這場會議並不需要做出重要的決策，而且淺野執董對於「YON-YON」服務十分外行，想必他的提問不至於太深入。此外，提問的範圍，應該會鎖定資料所述的「YON-YON」導入實例和相關看法。

話雖如此，畢竟對方身為執董，恐怕也有觀察人的習慣，所以進行簡報的人務必事先熟記整份調查資料的內容，同時調查實例數據也得隨身攜帶。

◎機智地因應對方疑問，藉此博取信賴

如上所述，進行會議準備時，切勿忘記一併備妥洞悉對方疑問的模擬問答及手邊資料。就算簡報的表現再好，要是對於對方的疑問顯得有所遲疑，恐怕評價會偏低。反之，對於各種提問都能機智應答的姿態，往往能贏得對方的信賴。

無論是追求短期間的會議效率，還是想獲取長期的信賴，都別懈怠於效果一流的對方疑問準備。

POINT!

提高模擬問答的「品質」，藉此贏得高度評價。

2

暫無結論

無法做出決定時，先擬定「決定方式」

◎結論的「下次再議」有好有壞

因為討論時的爭執或對方疑問造成的遲疑，導致時間耗損，結論延至下次再議。各位是否有過類似的經驗？

明明付出昂貴的成本舉辦會議，可是卻「沒有敲定半件事」，這時就算遭人諷刺猶如把錢丟進水溝裡，也無法開口反駁吧。

尤其是每小時收費較高的顧問，要是把會議搞成「挫敗會議」，將受到莫大的責難。基於此故，即使面臨可能變成「暫無結論」的狀況，外商顧問也會堅持讓事情有所進展，設法擬定應該做出決定的事。

具體而言，究竟要擬定什麼呢？

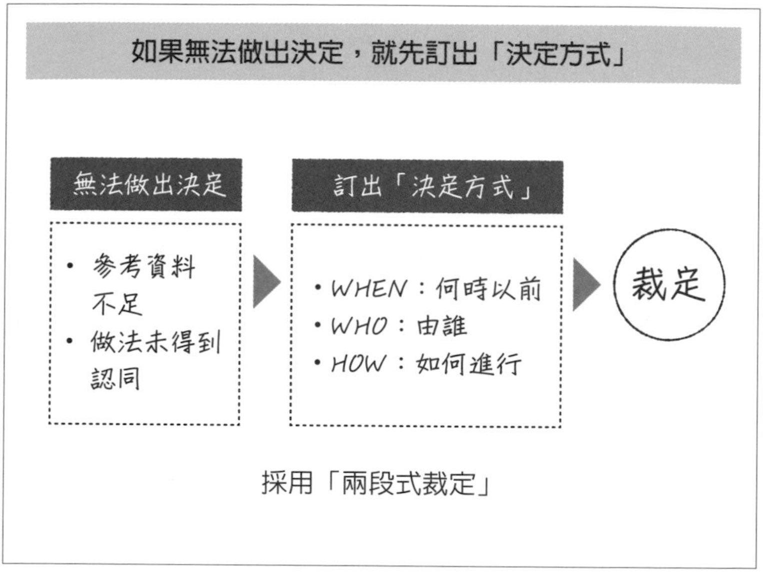

那就是「決定方式」。

對方無法做出決定的一大原因，多半是針對決定方式缺乏共識所致。基於此故，**萬一發生「無法做出決定」的狀況，必須死纏爛打地表示：「那麼來協議『決定方式』吧。」**

擬定「決定方式」的重點，即為WHEN、WHO、HOW。

換句話說，就是得針對何時、由誰、以什麼方式做出決定，互相建立共識。例如「當○○先生和××先生表示同意時，就視同核准」、「當顧客滿意度超過八成時，就呈送經理簽核」等。

順帶一提，這種做法常見於金融單位、政府機構、社會基礎建設企業等，號稱保守型的組織團體。先檢視「決定方式」是否無誤，同時彙整必要的資訊，然後依照「決定方式」進行決議。凡是裁定者容易趨於慎重的局面，往往比較會採用這種兩段式做法。

◎與淺野執董開會的「決定方式」為何？

接著來瞧瞧與淺野執董開會的狀況。

阿部前輩建議：「『YON-YON』值得認真考慮是否導入。」針對於此，淺野執董的態度似乎有些含糊。主要目的為介紹實例的這場會議，雖然無須當場做出決定，不過對COLONY公司而言，這場會議如同「導入探討活動的正式開跑（由COLONY公司提供活動支援）」，希望最後的進展為成功爭取到這個案子。

基於此故，阿部前輩打算先訂出「決定方式」，因而說了一句：「不如來討論下個步驟吧。」藉此避免這場會議因COLONY公司的觀點而淪為「挫敗會議」。

◎不再有毫無決議事項的會議

如上所述，難以開一次會就做出決定．建立共識時，切勿忘記還有一種可轉換成協議

「決定方式」的做法。會議的價值，在於針對決議事項和後續因應措施形成共識。各位務必避免會議毫無結論，即使只前進一釐米，也要向前邁進。

然而，在「會議規劃」之時，連決定方式都先思考清楚，才是根本的鐵則。「訂出決定方式」頂多當作「緊急因應對策」即可，專門用於應付討論過程中意外出現的待決事項。

POINT

暫無結論時，務必訂出「決定方式」。

SCENE
15

會議的產出——

「於會議後閒聊的意義爲何？」

阿部前輩的簡報和對方疑問答詢都順利告一段落。會議提早結束，還多出十分鐘可用，阿部前輩會怎麼做呢？

「感謝說明，我們將根據貴公司提議的做法，進行公司內部的探討。」

「我明白了。那麼最後請容我確認一下『決議事項』和『後續因應措施』……（會議回顧）……以上。會議記錄將隨後附送。」

「真是幫了我一個大忙。那麼我先離席，橋本經理，也非常感謝您。」

（淺野執董先走了……還多出十分鐘可用……）

「……深津經理、東出先生，這次十分感謝兩位的協助。」

「如果要汰換顧客管理系統，我舉雙手贊成。」

「畢竟使用越久的系統，越容易出問題。」

「尤其是技術上的限制太嚴苛了，其實我還想安裝不少門市都渴望擁有的語音輸入功能。」

「這種功能相當流行哦，我上網聊天時，也幾乎都用語音輸入。」

「是嗎？不過轉換漢字時，不是得花上一點時間？」

「如果是短句的話，還挺好用的，打個比方來說，您看……」

（完全是閒聊嘛……）

……（回COLONY公司的路上）……

「結束了——！」

「辛苦了，要分別製作概要筆記和會議記錄兩種喔，麻煩妳了。」

「好的……話說回來，剛才的會後閒聊是怎麼一回事？」

「呵呵，那叫做『長期投資』啦。」

1

會議筆記

結論和因應措施得迅速留下跡證

◎落實「會議筆記的回顧」

會議後製作會議記錄，往往得耗費不少時間。這是因為如果由職場菜鳥製作，將歷經圖表製作、主管過目審閱、修改、修改確認等各項步驟。

然而，會議記錄有鮮度的限制。要是會議結論和因應措施的分享有所延誤，將使得相關人員處於待機狀態，工作毫無進展。話雖如此，如果因為重視「鮮度」，而分享出「精確度」極差的資訊，也是個大問題。

要讓「鮮度」和「精確度」並存，**「會議筆記的回顧」**效果可期。

所謂「會議筆記的回顧」，就是在會議的尾聲，將寫有結論和因應措施的會議筆記投射於投影片或螢幕畫面中，讓全體與會者當場進行審閱．建立共識。此外，完成的會議筆記如何快速撰寫「會議記錄」

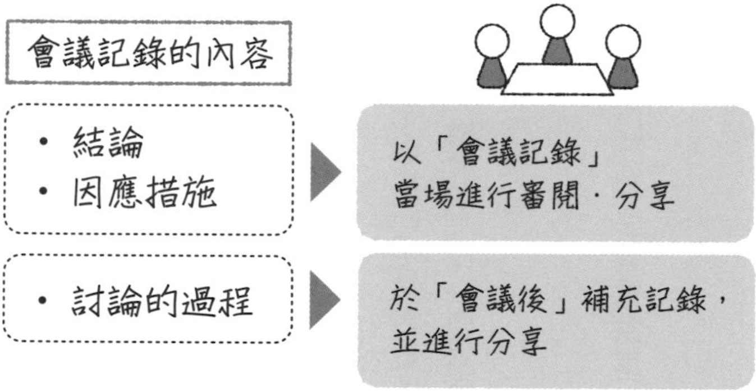

活用兼顧鮮度和精確度的「會議筆記」

中，還得加上一句「先分享這些內容，會議記錄隨後附上」，讓與會者及相關人員都能共享內容。透過這種方式，將能迅速分享精確度極高的結論和因應措施。

這就是「會議記錄會議」的應用版。所謂「會議記錄會議」，就是針對投影顯示的會議記錄進行討論，即時更新，並於當場建立共識，藉此於會議結束之時，會議記錄製作及內容審閱皆告完成的手法。

這種做法的會議筆記版，就是「會議筆記的回顧」。只要加以活用，將能兼顧鮮度與精確度。

◎提出會議筆記前

與淺野職董開會的會議記錄，將由君島小姐負責製作。

那麼，她應該如何進行為宜呢？

這次還沒來得及提出會議筆記，淺野執董便先行離開，因此無法當場進行筆記內容的審閱。

不過，由於阿部前輩在會議尾聲進行了決議事項和因應措施的回顧，所以只要把回顧的內容加以書面化，會議筆記便大功告成。

此外，從KSJ公司回COLONY公司途中，如果拜託阿部前輩審閱筆記的內容，就能在會議結束後十分鐘之內，以「概要版」和大家分享會議筆記。至於包含對方疑問等的會議記錄，則隨後再製作就行了。

◎結論和因應措施務必留意鮮度

如上所述，會議最重要的產出，也就是結論和因應措施，不妨透過「會議筆記」迅速分享。雖然會議筆記很少被當成正式文件，不過就資訊共享的目的而言，內容已相當足夠，而且還能做為證據之用。

各位不妨活用「會議筆記的回顧」，加快會後應對的速度吧。

POINT

以「會議筆記」進行會議回顧，讓鮮度・精確度並存。

2

會議記錄

以「議題→討論過程→結論・因應措施」進行整理

◎會議記錄屬於溝通工具

對於受命製作會議記錄的職場菜鳥而言，最難應付的狀況就是會議中的討論離題。其實進行討論時，未必完全依照議題，往往會東拉西扯，岔開話題。如此一來，光是要跟上討論的進度就很吃力的職場菜鳥將會心生一個念頭：「姑且把所有的發言都記下來吧。」結果，撰寫會議記錄時，變成得先整理・摘要會議筆記，然而由於筆記量頗大，而且內容的整理也十分馬虎，因此通常得耗費不少時間處理。

大家應該十分渴望會議當下做的筆記，能夠整理・摘要到會議記錄的水準吧？究竟要留意些什麼才行呢？

必備的前提重點，就是會議記錄屬於「溝通工具」。換句話說，**會議記錄的一大功能，**

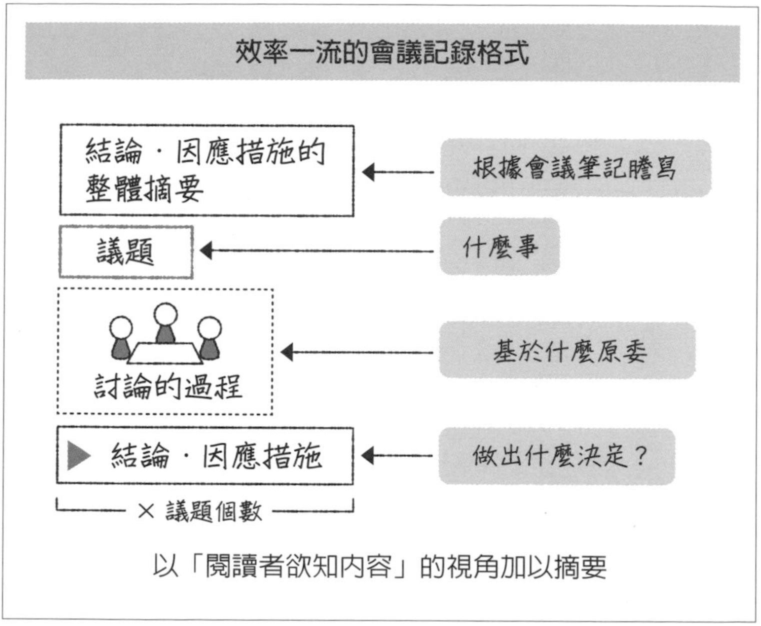

即爲將會議內容傳達給無法到場會的人。如果從這個功能加以思考，會議記錄的最終目標，就是讓閱讀者得以於短時間內理解會議的內容。

基於此故，資訊必須整理得清晰明確，不僅容易閱讀，而且淺顯易懂。換句話說，整理到讓閱讀者感覺「效率一流」，可謂會議記錄的必備條件。

◎讓會議記錄「效率一流」的撰寫原則

「效率一流」的會議記錄通常**會把「議題→檢討過程→結論・因**

應措施」當作套裝格式，然後針對每個議題逐條列出。

畢竟閱讀會議記錄的人，往往比較期望知道「什麼事（議題）、基於什麼原委（討論的過程）、做出什麼決定（結論・因應措施）」。製作會議筆記之時，如果能設法整理成這樣的格式，接著只要稍加潤飾筆記的文句，就能完成會議記錄。

撰寫會議筆記時，**有三大原則務必遵守：①採用條列式撰寫、②無須依照時序、③問與答成對並列。**

條列式的第一段先寫出會議的議題，然後不依照時序，而是按議題別，把發言內容寫在各個議題的下方。最後再確認條列於第一段的議題（問），是否存在相應的結論和因應措施（答）。

透過這種方式，便得以於製作筆記時，就把討論內容摘要到一定的程度。

◎製作會議記錄屬於「摘要力」的訓練

如上所述，大家不妨於製作會議筆記時，便以「議題→討論過程→結論・因應措施」的格式整理資訊。將每個人的意見依照議題別且逐條列出的方式加以整理，進而導出結論的做法，正如「摘要的基礎練習」一般。

摘要力為非常重要的基礎技能，而製作會議記錄則為最佳的練習機會。千萬別小看會議記錄，不如把它當成職場基本能力的重量訓練，努力練習吧。

POINT

把「議題→檢討過程→結論．因應措施」當作套裝格式，逐條列出。

3
剩餘時間

效果之佳，猶如讓對方吃一記重拳的「閒聊」威力

◎閒聊可分成「主動攀談型」和「資訊提供型」

如果會議提早結束，就想盡快投入自己的工作。

一旦工作堆積如山，自然會產生這種念頭。把開完會多出來的時間拿來閒聊，想必讓人覺得十分浪費。

不過，認為閒聊根本是浪費時間，便放棄與對方閒聊，其實有些操之過急。畢竟就長遠看來，透過閒聊所建立的人際關係・信賴關係，可大幅提升工作上的意見溝通速度和合作效率。

話雖如此，有時也不知道該閒聊些什麼才好。本節將介紹本人周遭的頂尖外商顧問所用的兩種閒聊類型，提供大家參考。

為什麼能幹的人總會閒聊？

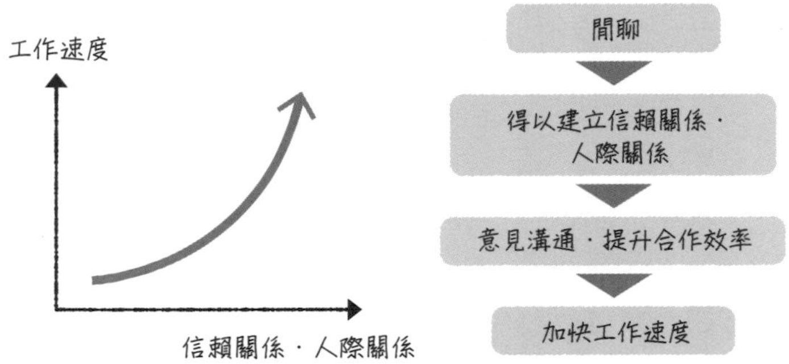

與對方多多閒聊，提升工作效率

一種是「主動攀談型」的閒聊，另一種則是「資訊提供型」的閒聊。

首先，所謂**「主動攀談型」的閒聊**，就是為了向對方表達「我很在乎你」而進行的閒聊，話題不限。有道是愛情的相反詞並非「厭惡」，而是「漠不關心」。

要是兩人共處卻各自沉默不語，對方將漸漸起疑：「我是否受他接納？」如此一來，不僅當事人的士氣大受打擊，工作步調和心理狀態也會蒙上一層陰影。

為了避免如此，務必以交談為目的，向對方「主動攀談」，進行閒聊。雖然這種類型以主管層級對團隊成員的閒聊為多，不過針對往來公司的業務承辦人，有時也會採用這種閒聊類型。

其次，所謂**「資訊提供型」的閒聊**，就是雖然內容無關工作主題，不過就對方而言，卻是提供有利資訊的閒聊。

對象為客戶的閒聊，大多屬於這種類型。

其實客戶可謂買下自身時間的人，因此大部分的客戶心態，都是浪費時間等於浪費金錢。基於此故，即使只是單純閒聊，也得營造成值得撥出這段時間的狀態。正因為如此，務必攜帶有利於對方的資訊，以資訊共享的形式進行閒聊。

阿部前輩和深津經理兩人的閒聊，屬於「資訊提供型」的閒聊。

其實，阿部前輩就是以深津經理相當在乎的「語音輸入」為題材，向她打聽出門市的實際使用情形。

如果還能用上述兩者以外的類型閒話家常，那真是再好不過了。重要的是務必和工作相關對象，維持定期且有利於對方的溝通。

◎越能幹的人，越是個「籠絡高手」

如上所述，為了讓長期性的工作馬到成功，不妨充分活用閒聊的威力。有道是工作能力越好的人，越是個「籠絡高手」，個中一大原因，正是透過一次次的閒聊，獲取人際關係與信賴關係，進而掌握到有利的立場。

POINT

讓會議提早結束，然後利用多出的時間閒話家常，建立信賴關係。

4

說服力

信賴和尊敬為工作價值的泉源

◎外商顧問十分在意的「信賴餘額」和「尊敬最低門檻」

無論自己怎麼說明都無法溝通，然而一換別人去談，對方就立即答應；明明話題一樣，對方的反應卻因發言者而異。

像這樣本該根據「所說的事」進行判斷，對方卻念頭一轉，改以「發言者」做為判斷依據的情形時有所見。

之所以如此，原因就出在**「信賴落差」**。

例如，如果有個素未謀面的菜鳥顧問突然建議：「貴公司應該立即導入這套系統。」想必對方不會採信他的說法吧。

不過，要是換成與客戶交情深厚，不僅理解公司內部狀況，而且輔導系統導入已超過

信賴餘額和尊敬最低門檻

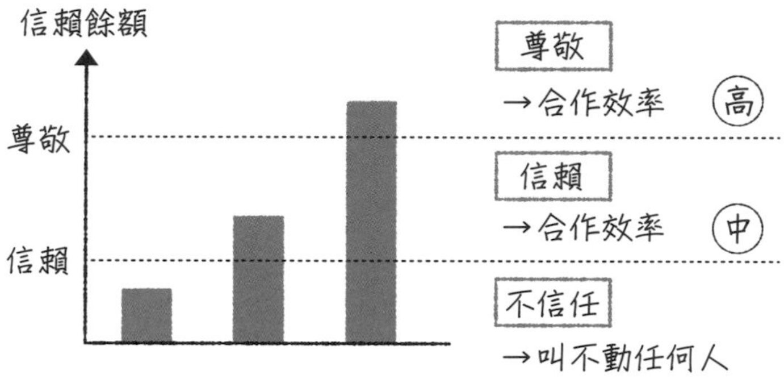

增加信賴餘額，跨越尊敬最低門檻

二十年的能幹顧問說出同樣的話，對方或許會覺得：「的確值得考慮一下。」

大部分的工作都是促使對方動起來的顧問，往往深切體認信賴的重要性。要是不受對方信賴，不僅叫不動任何人，根本連工作都接不到。獲得信賴可謂顧問的起點，那麼終點又在哪裡呢？

那就是**尊敬**。

為了達到受人尊敬的境界，顧問每天致力增加「信賴餘額」，立志跨越「尊敬最低門檻」。

所謂「信賴餘額」，就是以存款比喻信賴。除了平日的閒話家常之外，其他如守時、守約等日常行為，都能累積信賴餘額。反之，要是經常強人所難、背叛對方，將毀損信賴，信賴餘額也會隨之遞減。

除了這些人品方面的考量外，在職場上，工作實力也會影響信賴餘額。例如：「這個人的工作能力超強／毫無工作能力，因此值得信賴／無法信賴。」

一旦心存人品和實力兼具的信賴感，等於跨越了轉為尊敬之情的最低門檻，這就是所謂的「尊敬最低門檻」。

就在對方認定「這個人真厲害」的瞬間，他們將跟著動起來。畢竟人們對於自己尊敬的對象，往往正面看待他們的言行舉止。

不過，即使到達受對方尊敬的境界，也不能有所懈怠。同於抱著「輸了就引退」的覺悟，站上土俵（日本相撲比賽的圓形擂台）的大相撲橫綱（日本相撲力士資格的最高等級），凡是獲得他人尊敬的人，都十分明白正因為受人尊敬，所以必須更進一步修養人品，磨練實力，持續博取他人的信賴。

正因為如此，越是持續受到尊敬的人，越能不斷創造出吸引他人的價值。

◎成為值得他人尊敬的工作夥伴

既然一起共事，各位不妨立志成為「值得對方尊敬的工作夥伴」吧。不僅要妥善迅速地執行工作，還要透過人際關係的建立，獲取兼具實力．人品的信賴與尊敬，這才是工作價值的追求目標，同時也是工作價值的泉源。

POINT

屬於工作價值泉源的信賴和尊敬，來自於「人品」和「實力」的磨練。

STORY

會議運作術的要訣——

「讓會議變成『自己的劇場』。」

結束與ＫＳＪ公司人員的會議後，阿部前輩和君島小姐回到了公司。

結果，本該外出的橋本經理竟然待在公司裡，這是怎麼一回事呢？

「我們回來了。」

「辛苦了。針對我做的資料，對方反應如何？」

「似乎及格過關了，說明和討論都進行得十分順利，以頭一次開會來說，狀況相當不錯。」

「阿部先生，你回來啦。君島小姐也辛苦了。」

「橋本經理！咦？您不是去拜訪其他客戶了……」

「呵呵，其實這次的案子，我打算全面採用你的觀點。」

「喔——原來是這樣啊……喂！泉先生！」

「什麼事？」

「你一直以為橋本經理是個嚴肅的主管吧？」

「你看出來了啊？」

「對了，今天上午您偷笑了一下，就是因為這個緣故嗎？」

「哎呀，我的部下能直接這樣和我對話，內部溝通之順暢，我真該感到自豪。此外，我覺得阿部先生應該能夠勝任，所以才指派你去簡報。其實這場會議，幾乎變成『阿部劇場』了吧？你能掌控會議的狀況至此，真的是很厲害。」

「您對我如此讚不絕口，我都不知道該如何接話了……喂！泉先生！」

「什麼事？」

「追加燒肉點數五點。」

「太棒了！」

如上所述，針對橋本經理突然提出的「無理要求」，COLONY公司的成員們順利交差。幾天後，他們使用手上累積的燒肉點數，讓橋本經理招待他們大啖美味的燒肉大餐。

與KSJ公司開過會的一週後。

「咦？是橋本經理的來電……是，橋本經理，有什麼事嗎？」

「其實我剛才接到淺野執董的聯絡，他說他們打算認真考慮『YON-YON』的導入，因此希望我們能提供協助，這都是你們的功勞。」

「真是太好了！（有種不祥的預感……）」

「此外，基於預算編列的關係，對方希望兩週後拿到提案書。可以請你在期限前火速準備一下嗎？麻煩你了！」

「那個……橋本經理？……掛斷了，真是個大忙人。」

「……如上所述，這次也要滿懷活力與夢想拚了！」

「不對不對，請等一下！上次的提案花了六週才完成耶。」

「六週變兩週，等於是三倍速度耶，一般來說根本辦不到。」

「你們兩個挺有活力的嘛。安啦，你們已經知道以三倍速度執行工作的方法了，對吧？」

結語

為了解決「無理要求」，「工作的基本」非常重要

感謝大家選讀並看完本書。

看到「無理要求」、「超高生產力」等標題的讀者當中，恐怕有些人內心期待：「肯定會介紹解決無理要求的『魔法』吧。」然而，本書介紹的「標準做法」，大多只是一般號稱「工作基本守則」的程度，這樣的結果，或許令他們相當失望。

不過，凡是工作能力超強的外商顧問，往往一邊忠實地遵循這些基本原則，一邊完成任務。

我希望大家明白，能夠解決各種無理要求的「魔法」，根本不存在於任何世間。坦白說，針對目前面臨的問題，沒人能告訴我們得以瞬間解決的完美答案。

此外，「這麼做就能搞定」的資訊，往往充斥在我們四周，但仔細了解個中內容後，將

發現大部分的建議並非「答案」，而是「解決之道的提示」。

本書也不例外。畢竟出現眼前的「無理要求」，唯有配合要求的內容，區分使用手邊的武器，才能完成對方所求。

基於此故，你應該做的事，並非尋找剛好能讓眼前強敵一槍斃命的絕佳武器，也就是這個世間並不存在的「魔法」，而是得透過日復一日的鑽研和實踐力行，增加得以充分活用的武器種類，並且學習配合眼前的強敵，區分使用這些武器的技巧。

菜鳥時期的我曾深陷負向循環之中，而把我從中解救出來的武器，並非「最佳實作規範」，而是得自於「老實奉行『最佳實作規範』吧」這句話的覺悟，也就是凡事積極面對、不怕麻煩、敞開心胸致力學習。

本書精選介紹的「標準做法」，盡是單調的工作基本技巧，不過只要理解蘊含其中的思維，並充分活用，將能全面升級到具有深遠意涵的層次。本人向各位保證，老老實實地學習並力行這些標準做法，絕對只有好處，沒有壞處。闔上本書後，請大家務必先從自己得以力行的標準做法開始學習。

最後，在此衷心感謝日本實業出版社的各位惠賜撰寫本書的機會，給著作資歷尚淺的本人；此外也十分感謝老婆大人和孩子們對於我利用與家人相處的時間埋首寫作的情形，欣然表示同意。

不過，最讓我打從內心感謝的對象，其實是閱讀本書的你。真的非常謝謝各位。如果本書確實對各位小有幫助，實在是本人莫大的榮幸。

ideaman 113

頂尖外商顧問的超效問題解決術

教你搞定任性主管、刁難客戶，解決無理難題，提升3倍工作效率的43則實戰策略

原著書名——外資系コンサルは「無理難題」をこう解決します。
「最高の生産性」を生み出す仕事術
原出版社——株式会社日本実業出版社
作者——NAE
譯者——簡琪婷
企劃選書——劉枚瑛
責任編輯——劉枚瑛
版權——黃淑敏、翁靜如、邱珮芸
行銷業務——莊英傑、黃崇華、李麗渟
總編輯——何宜珍
總經理——彭之琬
事業群總經理——黃淑貞
發行人——何飛鵬
法律顧問——元禾法律事務所 王子文律師

出版——商周出版
台北市104中山區民生東路二段141號9樓
電話：(02) 2500-7008　傳真：(02) 2500-7759
E-mail：bwp.service@cite.com.tw
Blog：http://bwp25007008.pixnet.net./blog
發行——英屬蓋曼群島商家庭傳媒股份有限公司城邦分公司
台北市104中山區民生東路二段141號2樓
書虫客服專線：(02)2500-7718、(02) 2500-7719
服務時間：週一至週五上午09:30-12:00；下午13:30-17:00
24小時傳真專線：(02) 2500-1990；(02) 2500-1991
劃撥帳號：19863813　戶名：書虫股份有限公司
讀者服務信箱：service@readingclub.com.tw
城邦讀書花園：www.cite.com.tw
香港發行所——城邦(香港)出版集團有限公司
香港灣仔駱克道193號超商業中心1樓
電話：(852) 25086231傳真：(852) 25789337
E-mailL：hkcite@biznetvigator.com
馬新發行所——城邦(馬新)出版集團【Cité (M) Sdn. Bhd】
41, Jalan Radin Anum, Bandar Baru Sri Petaling,
57000 Kuala Lumpur, Malaysia.
電話：(603)90578822　傳真：(603)90576622
E-mail：cite@cite.com.my

美術設計——copy
印刷——卡樂彩色製版印刷有限公司
經 銷 商——聯合發行股份有限公司 電話：(02)2917-8022　傳真：(02)2911-0053

2019年（民108）12月5日初版
定價 350元　Printed in Taiwan　　城邦讀書花園 www.cite.com.tw
ISBN 978-986-477-749-5

國家圖書館出版品預行編目(CIP)資料

頂尖外商顧問的超效問題解決術 / NAE著；簡琪婷譯. -- 初版.
-- 臺北市：商周出版：家庭傳媒城邦分公司發行, 民108.12　264面；14.8×21公分. -- (ideaman；113)
譯自：外資系コンサルは「無理難題」をこう解決します。：「最高の生産性」を生み出す仕事術
ISBN 978-986-477-749-5(平裝)　1. 職場成功法　2. 工作效率　494.35　108017058

商周出版

廣告回函
北區郵政管理登記證
台北廣字第000791號
郵資已付，免貼郵票

104台北市民生東路二段 141 號 B1

英屬蓋曼群島商家庭傳媒股份有限公司

城邦分公司

請沿虛線對摺，謝謝！

商周出版

書號：BI7113　　**書名：**頂尖外商顧問的超效問題解決術　　**編碼：**

請於此處用膠水黏貼

商周出版

讀者回函卡

謝謝您購買我們出版的書籍！請費心填寫此回函卡，我們將不定期寄上城邦集團最新的出版訊息。

姓名：________________ 性別：□男 □女

生日：西元________年________月________日

地址：________________

聯絡電話：________________ 傳真：________________

E-mail：________________

學歷：□1.小學 □2.國中 □3.高中 □4.大專 □5.研究所以上

職業：□1.學生 □2.軍公教 □3.服務 □4.金融 □5.製造 □6.資訊

□7.傳播 □8.自由業 □9.農漁牧 □10.家管 □11.退休

□12.其他 ________________

您從何種方式得知本書消息？

□1.書店 □2.網路 □3.報紙 □4.雜誌 □5.廣播 □6.電視

□7.親友推薦 □8.其他________________

您通常以何種方式購書？

□1.書店 □2.網路 □3.傳真訂購 □4.郵局劃撥 □5.其他________

您喜歡閱讀哪些類別的書籍？

□1.財經商業 □2.自然科學 □3.歷史 □4.法律 □5.文學

□6.休閒旅遊 □7.小說 □8.人物傳記 □9.生活、勵志 □10.其他

對我們的建議：________________

____

____

____

____

請於此處用膠水黏貼

Idea man

Idea man